Akbar John
Zaima Azira Zainal Abidin
Ahmed Jalal Khan Chowdhury

Bioprospectos do Ecossistema Costeiro e Gestão Sustentável de Recursos

Akbar John
Zaima Azira Zainal Abidin
Ahmed Jalal Khan Chowdhury

Bioprospectos do Ecossistema Costeiro e Gestão Sustentável de Recursos

ScienciaScripts

Imprint

Any brand names and product names mentioned in this book are subject to trademark, brand or patent protection and are trademarks or registered trademarks of their respective holders. The use of brand names, product names, common names, trade names, product descriptions etc. even without a particular marking in this work is in no way to be construed to mean that such names may be regarded as unrestricted in respect of trademark and brand protection legislation and could thus be used by anyone.

Cover image: www.ingimage.com

This book is a translation from the original published under ISBN 978-620-2-79106-9.

Publisher:
Sciencia Scripts
is a trademark of
Dodo Books Indian Ocean Ltd. and OmniScriptum S.R.L publishing group

120 High Road, East Finchley, London, N2 9ED, United Kingdom
Str. Armeneasca 28/1, office 1, Chisinau MD-2012, Republic of Moldova, Europe
Managing Directors: Ieva Konstantinova, Victoria Ursu
info@omniscriptum.com

Printed at: see last page
ISBN: 978-620-3-50709-6

Conteúdos

PREFÁCIO

Uma vez que estamos prestes a entrar no período pós-Pandemia da COVID-19, muitos desafios devem ser enfrentados, especialmente no plano de acção de recuperação económica (pós-COVID-19) através da utilização sustentável dos recursos naturais e da implementação de práticas de medição adequadas. A fim de alcançar os objectivos de desenvolvimento sustentável (ODS) da "Agenda 2030" das Nações Unidas, os recursos naturais precisam de ser sabiamente explorados. O conhecimento sobre o ecossistema costeiro, a sua dinâmica e o seu potencial de bioprospecção são bem abordados à escala global. No entanto, no quadro regional, os potenciais do ecossistema costeiro são menos explorados devido à complexidade do sistema de partilha de recursos e à natureza entrelaçada da intervenção de múltiplos intervenientes na tomada de decisões. A Malásia tem um comprimento total da linha costeira de cerca de 4809 km (dividido em 1.972 km na Malásia Peninsular e 2837 km na Malásia Oriental) que tem um significado sócio-económico especial. Muitos planos de acção estratégicos foram implementados para proteger a linha costeira da fragmentação e degradação devido a causas naturais e humanas.

Os ecossistemas costeiros são a paisagem mais produtiva e valiosa em constante mudança devido a várias pressões ambientais e urbanização, são sempre tratados em conjunto como "ecossistemas estuarinos e costeiros" (ECEs) devido à sua complexidade na prestação de serviços ecológicos. A fim de interligar a dinâmica dos ecossistemas costeiros e explorar os seus potenciais de bioprospecção, este livro pretendeu abordar a importância holística do ecossistema costeiro e os seus potenciais de bioprospecção. O livro é a colecção abrangente de dados baseados na investigação dos estudos sobre ecossistemas costeiros da Malásia (especialmente da costa oriental da Malásia peninsular). O livro consiste em nove capítulos que abordam as questões relacionadas com (mas não limitadas a) o potencial bio-prospecto, tais como o rastreio de actinomicetos do ecossistema costeiro, bioprospecção microbiana utilizando uma abordagem 'ómica', importância da Aquacultura Multi-troférica integrada, diversidade biótica e erosão da linha costeira no ecossistema costeiro. Estamos optimistas em dizer que os conhecimentos profundos e as perspectivas científicas partilhadas neste livro contribuirão para os objectivos de desenvolvimento sustentável de forma holística e, em particular, no SDG 13,14 e 15.

Os nove capítulos abordados no presente livro intitulado "*Bioprospectos do ecossistema costeiro e gestão sustentável dos recursos*" são da autoria de mais de 30 investigadores de várias disciplinas, indicando os conhecimentos transdisciplinares oferecidos neste livro. Os leitores serão expostos a novos conhecimentos em cada capítulo e as disposições dos nove capítulos fluem com o tema central do livro. Os capítulos abordados neste livro são 1) Variações sazonais da diversidade de peixes e riqueza de espécies na água costeira, Pekan, Pahang, Malásia, 2) Estudo do ensaio da actividade glucose-6-fosfato desidrogenase em estreptomicetos de mangrove para a produção de actinohordin e subcilprodigiosina, 3) Cultivo versus a abordagem 'Omics' para a bioprospecção microbiana no século XXI: ambiente costeiro na Malásia, 4) Aquacultura multitrófica integrada em águas abertas (IMTA) no ecossistema costeiro: o estado e as perspectivas na Malásia, 5) Propriedades antioxidantes de (*Nerita articulata*) drom mangue estuarino Kuantan, Pahang Malásia, 6) Bactérias resistentes a metais pesados de sedimentos marinhos de pantai Balok, Pahang, Malásia, 7) Tolerância à salinidade e desempenho de crescimento de juvenis de robalo asiático (*Late calcarifer*), 8) Revisão: diversidade de actinomicetos e capacidades biossintéticas da costa oriental da água costeira peninsular da Malásia e, 9) Alterações climáticas e defesas costeiras na Malásia: Uma revisão. As figuras a cores foram incluídas neste livro de investigação para melhor ilustrar as características de algumas das partes complexas da discussão. Acreditamos firmemente que este livro é um valor acrescentado para revelar os tesouros ocultos inexplorados do dinâmico ecossistema costeiro da Malásia. Prevemos também que os dados apresentados neste livro servirão de base para continuar a explorar a investigação e melhorar as práticas de gestão do ecossistema costeiro na Malásia.

Editores
Akbar
John Zaima Azira Zainal
Abidin Ahmed Jalal Khan
Chowdhury

A Malásia está localizada no Sudeste Asiático, compreendendo duas regiões, nomeadamente, a Malásia Peninsular e os Estados de Sabah e Sarawak. A área total de terra cobre 329.293 km2 enquanto o comprimento total da linha costeira é de cerca de 4.809 km. Além disso, existem cerca de 1.000 ilhas e recifes de coral pertencentes à Malásia. A zona costeira está ligada tanto ao significado socioeconómico como ambiental. A maioria das populações ocupa esta área e é também um centro de actividades económicas que engloba a aquicultura, exploração de petróleo e gás, agricultura, transportes e outros. As zonas de mangue são um dos ecossistemas mais produtivos da Terra. Os mangais são viveiros e locais de reprodução de muitos peixes e crustáceos, e habitats de muitas espécies de vida selvagem.

O desenvolvimento progressivo nas zonas costeiras para fins de urbanização e económicos teve um impacto negativo no ecossistema ambiental. Assim, a necessidade de estabelecer um desenvolvimento sustentável para assegurar um equilíbrio entre o desenvolvimento e a protecção do ambiente. A Malásia comprometeu-se a apoiar e implementar a Agenda 2030 e os Objectivos de Desenvolvimento Sustentável (ODS) e estabelece um ambicioso plano de acção para as pessoas, o planeta, a prosperidade, a paz e a parceria com o objectivo de não deixar ninguém para trás. Por conseguinte, a implementação de práticas de desenvolvimento sustentável e abordagens holísticas nas zonas costeiras é a chave para alcançar este objectivo.

Estou encantado por os investigadores de Kulliyyah of Science, IIUM terem preparado este livro na sua forma actual com o título "*Bioprospects of coastal ecosystem and sustainable resource management*". O livro abordou várias questões e o potencial bioprospectivo dos ecossistemas costeiros numa escala mais ampla que abrem oportunidades para a discussão intelectual num futuro próximo. O advento da tecnologia moderna fornece uma visão do potencial das águas costeiras e enfatiza neste livro. Por conseguinte, estou optimista que os resultados desta publicação fornecerão aos leitores contributos significativos e com impacto na actualização dos seus conhecimentos sobre as águas costeiras na Malásia.

Prof. Dr. Kamaruzzaman Yunus
Director do
Campus da Universidade Islâmica
Internacional da Malásia,
Kuantan
Campus
Pahang,
Malásia

As abordagens holísticas e integradas para o desenvolvimento sustentável e utilização dos ecossistemas costeiros são bem discutidas entre a comunidade científica e os decisores políticos e nos últimos anos. A este respeito, a importância do ecossistema oceânico e a utilização dos seus recursos é uma das principais prioridades do objectivo de desenvolvimento sustentável (SDG) das Nações Unidas, em particular no SDG -14 'Live below water'. Como o oceano cobre uma parte substancial da superfície terrestre, estima-se que mais de 3 mil milhões de pessoas dependem dos recursos marinhos e costeiros para a sua subsistência. Hoje em dia, o ecossistema costeiro está cada vez mais degradado ou destruído por muitas actividades humanas e acabou por reduzir a sua capacidade de apoiar serviços ecossistémicos cruciais. Eventualmente, a deterioração do ecossistema costeiro teve um impacto negativo no bem-estar humano a nível global.

Dito isto, os recursos biológicos do ecossistema costeiro são menos explorados, especialmente sobre a disponibilidade de recursos potenciais bioactivos e a sua utilização sustentável. O presente livro sobre "Bioprospecção do ecossistema costeiro para uma gestão sustentável dos recursos" é um esforço oportuno dos investigadores da Universidade Islâmica Internacional da Malásia (IIUM) para compilar as actuais ameaças que afectam a gestão do ecossistema costeiro e explorar um possível potencial de bioprospecção para uma vida humana sustentável. Considerando o facto de a Malásia ser uma das mega-nacionais da biodiversidade e dar sempre prioridade à biodiversidade como factor chave no roteiro de investigação, estou confiante que a informação científica partilhada pelos investigadores da Malásia actuará como referência para uma maior utilização dos recursos costeiros de uma forma eficaz e abrirá portas para a continuação da investigação.

Embora o livro aborde principalmente as descobertas científicas, observo o conteúdo e a intenção dos editores e autores com a ajuda da visão IIUM que insistem em desenvolver indivíduos holísticos que possam agir como 'Khalifa' (*ou seja*, líder) e 'Rahmathal lil Alameen' (*ou seja*, misericórdia para todos os mundos) verdadeiramente guiados pelos princípios divinos de '*Maqasid al-Shari'ah*'. Felicito os colaboradores pelo seu esforço sincero e oportuno. De acordo com a visão e missão do IIUM e o foco para alcançar o SDG 2030, estou confiante que este livro é um valor acrescentado e informativo para os leitores de largo espectro, incluindo académicos, investigadores, decisores políticos, organizações não governamentais (ONG) e estudantes.

Dr. Ahmad Hafiz Bin Zulkifly
Reitor Adjunto (Investigação Responsável e
Inovação) Universidade Islâmica Internacional
da Malásia

Variações Sazonais da Diversidade de Peixes e da Riqueza de Espécies na Água Costeira, Pekan, Pahang, Malásia

Akbar John, B. [1*], Khuraisha, N. [2], Jalal, K.C. [A2*]. Najiah, M. [3] e Nadirah, M3

[1Instituto] de Oceanografia e Estudos Marítimos (INOCEM),
2Department of Marine Science, Kulliyyah of Science, International Islamic University Malaysia (IIUM), Kuantan 25200, Pahang Malaysia.
[3Faculty] of Fisheries and Food Science, Universiti Malaysia Terengganu (UMT), 21030 Kuala Nerus, Terengganu
*Autor [correspondente]: akbarjohn50@gmail.com, *jkchowdhury@iium.edu.my*

ABSTRACT

Este estudo foi realizado de Abril de 2019 a Outubro de 2019 para investigar as variações sazonais na diversidade e riqueza de espécies de peixes em águas costeiras Pekan, Pahang (Pantai Sepat, Cherok Paloh e Tanjung Selangor), Malásia. Foi registado um total de 5341 peixes individuais que incluíam 47 famílias e 108 espécies, sendo 2444 indivíduos registados durante a época não-monções e 2897 indivíduos durante a época das monções. As famílias mais dominantes foram Nemipteridae seguidas por Lutjanidae e Carangidae. A maior riqueza de espécies foi observada durante a época das não-monções com 95 espécies. O índice Shannon-Weaver (H'), o índice de diversidade de Simpson (1-D), e o índice Berger-Parker foram aplicados para demonstrar a diversidade, riqueza, uniformidade e dominância das espécies nas áreas de amostragem e os valores globais para a época não-monção são 3,284, 0,9326 e 0,1335 respectivamente, enquanto para a época das monções são 2,766, 0,8798 e 0,2751 respectivamente. O elevado índice de diversidade (Shannon-Weaver e Simpson) foi observado na época das não-monções. Este estudo também demonstrou que as variações sazonais por si só podem não influenciar o número de espécies de uma população ao longo da estação costeira Pekan. No entanto, o estado das actividades de pesca, espécies de peixe recolhidas e qualidade da água ao longo das águas costeiras Pekan precisam de ser monitorizadas frequentemente para a colheita sustentável de espécies comerciais nas águas costeiras de Pahang, Malásia.

Palavras-chave: Biodiversidade; Distribuição de peixes; Ecologia; Riqueza das espécies.

INTRODUÇÃO

A Malásia como uma das nações mega-biodiversitárias é o lar de um total de 1951 espécies de peixes de água doce e marinha pertencentes a 704 géneros e 186 famílias das quais metade das espécies estão actualmente ameaçadas e quase um terço das quais são na sua maioria de habitats marinhos e corais (Chong et al., 2010). Especificamente, a costa oriental da Malásia peninsular é uma zona de pesca susceptível para actividades de captura acessórias tanto de pescadores malaios como vietnamitas. Observou-se que práticas de pesca indiscriminadas têm sido conduzidas ao longo da costa de Pahang durante uma década, o que poderá ser responsável pelo declínio gradual dos recursos pesqueiros nesta fascinante zona costeira a longo prazo. De facto, a observação pessoal do pescador local também declarou que a redução do número das várias espécies ocorreu devido a vários factores, tais como os intrusos maciços dos pescadores vietnamitas em águas internacionais perto da ZEE da Malásia. A maioria das espécies como o Starry triggerfish, o linguado, o tubarão-tigre e o tubarão-martelo são difíceis de encontrar actualmente. De acordo com Fazly et al., (2018), um barco de pesca estrangeiro encontrado no Vietname tinha invadido as águas costeiras da Malásia para pescar a 11 de Maio de 2019. Além disso, a Sociedade Malaia de Ciências Marinhas declarou que o mar vermelho contaminado com bauxite ao largo da zona costeira de Pahang está destinado a ser um "mar morto": até três anos. Isto deve-se ao aumento do escoamento da terra ocre-vermelha nas minas e nas reservas localizadas em Kuantan.

1

A gestão das pescas sempre considerou os aspectos biológicos, tecnológicos, económicos, sociais, ambientais e comerciais relevantes da indústria no sentido de assegurar uma conservação eficaz e

gestão de todos os recursos pesqueiros. A determinação do potencial actual dos recursos tem sido sempre considerações importantes para os gestores das pescas. [DOF 2015]. Várias questões e desafios de gestão que têm impactos elevados na capacidade de pesca são identificados a seguir: i. Recursos a serem sobreexplorados, ii. Dados actualizados inadequados sobre os recursos pesqueiros, iii. Capacidade inadequada e capacidade de monitorização e vigilância. vi. Sensibilização e participação insuficiente do público.

Os estudos não publicados realizados no Pantai Sepat por Jalal et al. (2012) mostraram que esta área não é muito diversificada com espécies. Contudo, não houve estudos anteriores sobre a diversidade de peixes ao longo das águas costeiras de Pekan, Pahang (Pantai Sepat a Tg. Selangor - a área média de Kuala Pahang), que são a área mais vital para as actividades pesqueiras nas águas costeiras de Pahang. Por conseguinte, o presente estudo teve como objectivo investigar a diversidade e distribuição dos peixes e a sua variação sazonal nas águas costeiras de Pahang, Malásia.

MATERIAIS E MÉTODOS

Localização da amostragem de peixe
A área de estudo baseia-se em ambientes marinhos que se estenderam ao longo das águas costeiras de Pahang, de 3,40155 ºN a 3,34894 ºN e 103,21174 ºE a 103,25089 ºE aproximadamente 16 km (Fig 1). As zonas costeiras de Pahang como Cherating, Teluk Cempedak, Tanjung Lumpur e Pantai Sepat estão a tornar-se as praias mais atractivas, oferecendo belas paisagens e actividades recreativas (Azid et al., 2015; Tobergte & Curtis, 2013). A amostragem de peixes foi realizada de Abril de 2019 a Outubro de 2019, cobrindo a diversidade e distribuição de peixes de Pantai Sepat, Cherok Paloh e Tanjung Selangor perto de Kuala Pahang durante as estações das monções e não-monções. A amostragem foi realizada ao meio-dia, uma vez que a maioria dos pescadores desembarcou o seu barco nesta altura. Cinco anos (2014 a 2018) de dados acumulados obtidos da World Weather Online mostraram que a maior velocidade do vento ocorreu em 2016. O mês mais chuvoso com maior precipitação é Dezembro (563,9 mm), enquanto que o mês mais seco com menor precipitação é Fevereiro (142 mm) (MMD, 2019).

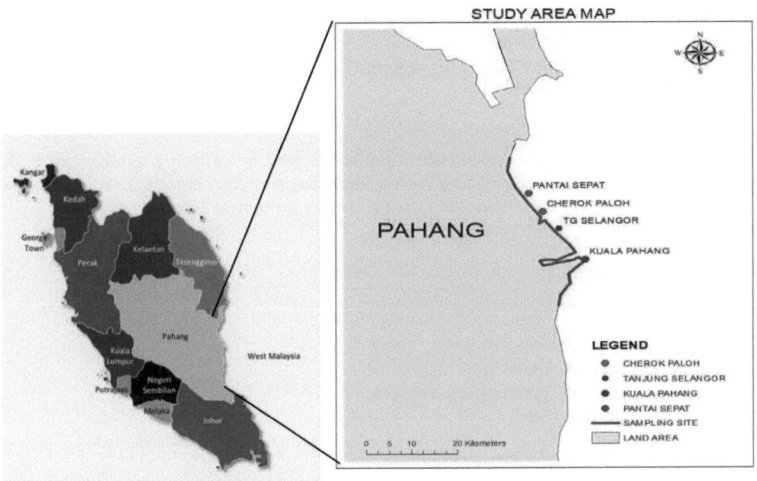

Fig. 1: Localização dos locais de amostragem.

Recolha de dados e identificação de peixes

Os espécimes eram recolhidos nos locais de desembarque de peixe no mercado perto de Pantai Sepat duas vezes por mês. Os peixes eram classificados em espécies e os comprimentos padrão eram tomados utilizando uma régua e uma tábua de montagem no campo sempre que possível. Todos os peixes capturados foram contados e fotografados utilizando uma câmara de alta resolução. As amostras de peixe recolhidas nas áreas de estudo foram identificadas com base nos seus caracteres morfométricos e merísticos de acordo com a técnica mencionada por Mansor et al, (1998); Ambak et al (2010). Os dados ambientais como a temperatura, e os dados de precipitação foram obtidos do World Weather Online.

Análise de dados e

software Índice de

Diversidade Shannon

O índice de diversidade calculado utilizando o índice de diversidade Shannon-Weaver é utilizado para caracterizar a diversidade de espécies numa comunidade e contabiliza tanto a abundância como a uniformidade das espécies presentes. Este índice é o mais favorecido em comparação com os outros índices. Normalmente, os valores variam entre 0,0 - 5,0 e os resultados obtidos situam-se entre 1,5 - 3,5. Com base neste índice, a condição do habitat pode ser identificada. A estrutura do habitat é considerada estável e equilibrada quando os valores mostram acima de 3,5, enquanto que os valores abaixo de 1,0 representam que a estrutura do habitat já se encontra degradada e poluída. Por conseguinte, este índice é muito importante para conhecer o ambiente em geral.

Fórmula

$$H' -\Sigma [ni / N) x (\ln ni / N)]$$

3

onde,

H' : Índice de Diversidade Shannon
ni : Número de indivíduos pertencentes à espécie i
N : Número total de indivíduos

Índice de Diversidade Simpson

A seguir, o índice de dominância (D) de Simpson foi utilizado para quantificar a biodiversidade do habitat que considera o número de espécies, bem como a abundância de cada espécie. Este índice varia entre 0-1. No entanto, o resultado é subtraído de 1 para corrigir a proporção inversa.

Fórmula

$$1 - D \ [\Sigma \ ni \ (ni -1)] \ / \ N \ (N-1)$$

onde,

D : Índice de Diversidade Simpson
ni : Número de indivíduos pertencentes à espécie i
N : Número total de indivíduos

Depois, é adotada a forma recíproca (1/D) do índice Simpson para a interpretação de dados.

Berger- Índice Parker

Este índice era utilizado para medir a importância proporcional das espécies mais abundantes. Tal como o índice Simpson, o recíproco do índice, 1/d é frequentemente utilizado para que o aumento no valor do índice represente um aumento na diversidade e uma redução na dominância.

Fórmula

$$d = N_{máx} / N$$

onde,

Nmax : Número de indivíduos nas espécies mais abundantes

N : Número total de indivíduos na amostra

Os índices de diversidade e riqueza de espécies Shannon-Weaver Index (H'), Simpson Index [1-D ou 1/D], e Berger-Parker Dominance Index foram calculados utilizando o Biodiversity Pro V2 (Shannon e Weaver, 1949; Simpson, 1949; Caruso et al., 2007). Toda a análise do software é realizada utilizando o PAST326, enquanto que a análise estatística é realizada utilizando o SPSS 25v.

4

RESULTADOS

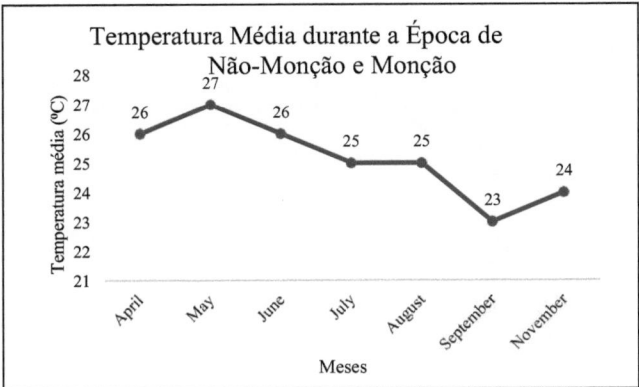

Fig. 2: Temperatura média de Pekan, Pahang durante a estação das monções e não-monções

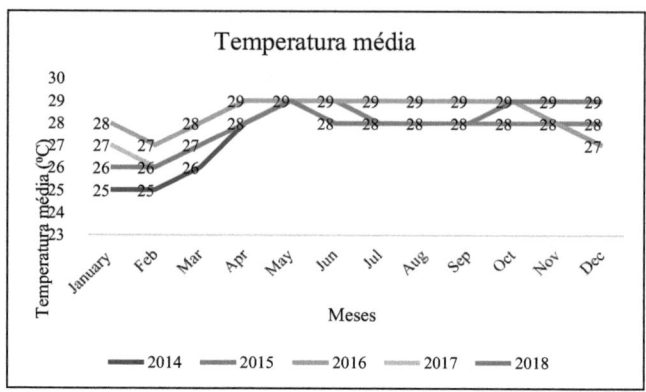

Fig. 3: Dados meteorológicos de cinco anos de temperatura média em Pekan, Pahang
(*fontes: https://www.worldweatheronline.com/pekan-weather-history/pahang/my.aspx*)

A temperatura média registada durante a estação não-monção variou entre 25°C e 27°C, tendo a mais baixa sido registada em Julho e Agosto e a mais alta em Maio (Fig. 2). Durante a época das monções, a temperatura média mais alta foi registada em Outubro (24°C) e a mais baixa (23°C) foi registada em Setembro. Os cinco anos de dados meteorológicos (2014-2018) revelaram que a temperatura variou entre 25°C e 29°C (Fig 3). A temperatura é ligeiramente aumentada em 1°C todos os anos. De Julho a Agosto, a temperatura está constantemente estagnada em 28°C de 2014 a 2018.

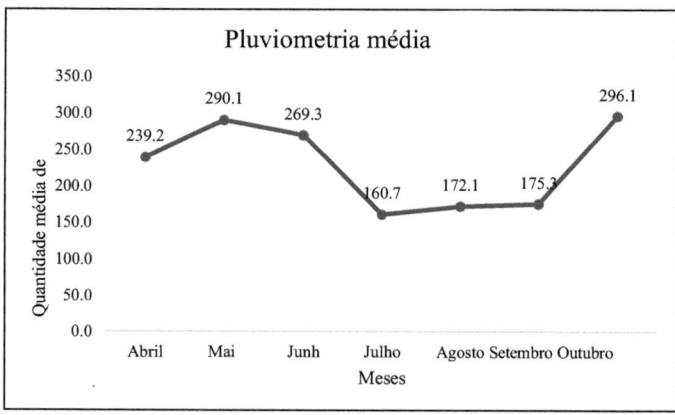

Fig. 4: Quantidade média de precipitação (mm) de Pekan, Pahang durante as monções não-monções e monções

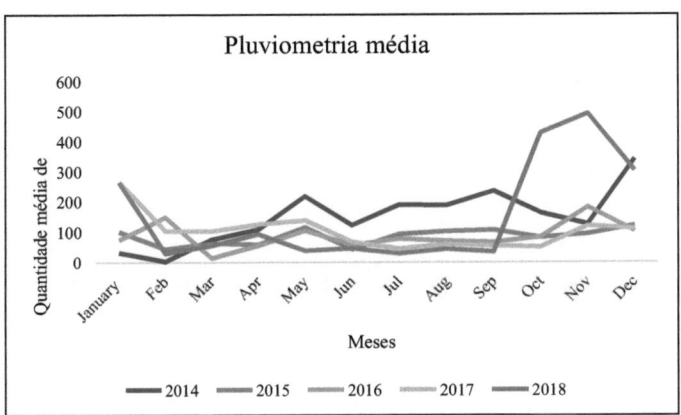

Fig. 5: Dados de cinco anos da quantidade média de precipitação (mm) em Pekan, Pahang
(*fontes: https://www.worldweatheronline.com/pekan-weather-history/pahang/my.aspx*)

Durante a estação das não-monções, a maior quantidade média de precipitação (mm) foi registada em Maio (290,1 mm) e a menor foi registada em Julho (160,7 mm). Entretanto, durante a época das monções, a maior quantidade média de precipitação (mm) foi registada em Outubro (296,1 mm) e a mais baixa em Setembro (175,3 mm). A tendência de cinco anos de dados meteorológicos mostrou que a precipitação ocorreu ao nível máximo 494,1 mm durante Novembro em Pekan, Pahang onde o nível mínimo encontrou 2,53 mm durante Fevereiro (Fig. 4). A temperatura do ar variou entre 25ºC e 29ºC ao longo dos anos de 2014 até 2018 (Fig. 5).

Quadro 1: Lista de espécies identificadas nas águas costeiras Pekan, Pahang

Classe	Encomenda	Família	Espécie
	Bericformes	Holocentridae	*Sargocentron rubrum*
	Bericformes	Holocentridae	*Myripistis hexagona*
	Mugiliformes	Mugilidae	*Valamugil speigelri*
	Clupeiformes	Clupeidae	*Sardinella melanura*
	Clupeiformes	Chirocentridae	*Chirocentrus dorab*
Actinopterygii	Clupeiformes	Eugraulidae	*Thryssa mystax*
	Siluriformes	Ariidae	*Arius maculatus*
	Siluriformes	Plotosidae	*Plotosus canius*
	Gadiformes	Batrachoididae	*Batrachomoeus trispinosus*
	Perciformes	Carangidae	*Selaroides leptolepis*

Perciformes	Carangidae	*Lanças de Selar*
Perciformes	Carangidae	*Actule mate*
Perciformes	Carangidae	*Tranchinotus blochii*
Perciformes	Carangidae	*Alectis indicus*
Perciformes	Carangidae	*Alectis ciliaris*
Perciformes	Carangidae	*Carangoides malabaricus*
Perciformes	Carangidae	*Megalaspis cordyla*
Perciformes	Caesionidae	*Caesio astúcia*
Perciformes	Caesionidae	*Caesio caerulaurea*
Perciformes	Chaetodontidae	*Coradion chrysozonus*
Perciformes	Chaetodontidae	*Chelmon rostratus*
Perciformes	Drepaneidae	*Drepane longimana*
Perciformes	Drepaneidae	*Drepane punctata*
Perciformes	Ephippidae	*Platax teira*
Perciformes	Gerreidae	*Gerres oyena*
Perciformes	Gerreidae	*Gerres erythrourus*
Perciformes	Haemulidae	*Pomadasys maculatus*
Perciformes	Haemulidae	*Pomadasys kaakan*
Perciformes	Haemulidae	*Diagrama punctatum*
Perciformes	Haemulidae	*Plectorhincus gaterinus*
Perciformes	Lactariidae	*Lactarius lactarius*
Perciformes	Lethrinidae	*Lethrinus lentjan*
Perciformes	Lethrinidae	*Letrinus miniatus*
Perciformes	Lethrinidae	*Lethrinus genivittatus*
Perciformes	Lethrinidae	*Letrinus ornatus*
Perciformes	Lethrinidae	*Gymnocranius frenatus*
Perciformes	Lutjanidae	*Lutjanus vitta*
Perciformes	Lutjanidae	*Lutjanus ruselli*
Perciformes	Lutjanidae	*Lutjanus malabaricus*

Perciformes	Lutjanidae	*Lutjanus lutjanus*
Perciformes	Mullidae	*Tragula upenus*
Perciformes	Mullidae	*Upeneus japonicus*
Perciformes	Nemipteridae	*Pentapodus setosus*
Perciformes	Nemipteridae	*Scolopsis monograma*
Perciformes	Nemipteridae	*Nemipterus furcosus*
Perciformes	Nemipteridae	*Scolopsis taenioptera*
Perciformes	Nemipteridae	*Scolopis affinis*
Perciformes	Pomacanthidae	*Chaetodontoplus mesoleucus*
Perciformes	Rachycentridae	*Rachycentron canadum*
Perciformes	Serranidae	*Epinefelus areolatus*
Perciformes	Serranidae	*Cephalopholis urodeta*
Perciformes	Serranidae	*Cefalopholis cyanostigma*
Perciformes	Serranidae	*Epinefelus formosa*
Perciformes	Serranidae	*Epinefelus coiodes*
Perciformes	Serranidae	*Cephalopholis boenack*
Perciformes	Serranidae	*Plectropomus maculatus*
Perciformes	Serranidae	*Diplorion bifasciatum*
Perciformes	Serranidae	*Epinefelus sexfasciatus*
Perciformes	Labridae	*Choerodon schoenleinii*
Perciformes	Labridae	*Cheilinus trilobatus*
Perciformes	Labridae	*Cheilinus chlorourus*
Perciformes	Polynemidae	*Eleutheronema tetradactylus*
Perciformes	Pomacentridae	*Abudefduf bengalensis*
Perciformes	Pomacentridae	*Pomacanthus annularis*
Perciformes	Scaridae	*Scarus ghobban*
Perciformes	Scatophagidae	*Siganus guttatus*
Perciformes	Scombridae	*Scomberoides commersonnianus*
Perciformes	Scombridae	*Scomberoides tala*

Perciformes	Scombridae	*Braquissoma Rastrelliger*
Perciformes	Scombridae	*Rastrelliger kanagurta*
Perciformes	Sciaenidae	*Paranibea semiluctuosa*
Perciformes	Sparidae	*Jarro de Terapon*
Perciformes	Sparidae	*Dextex tumifrons*
Perciformes	Sphyreanidae	*Sphyraena flavicaudas*
Perciformes	Sphyreanidae	*Sphyraena putnamae*
Perciformes	Sphyreanidae	*Sphyraena forsteri*
Perciformes	Sphyreanidae	*Gelatina Sphyraena*
Perciformes	Siganidae	*Siganus javus*
Perciformes	Siganidae	*Siganus fuscescens*
Perciformes	Siganidae	*Siganus vulpinus*
Perciformes	Siganidae	*Siganus canaliculatus*
Perciformes	Toxotidae	*Toxotes chatareus*
Pleuronectiformes	Cynoglossidae	*Cynoglossus bilineatus*
Pleuronectiformes	Psettodidae	*Psettodes erumei*
Clupeiformes	Clupeidae	*Sardinella melanura*
Carcharhiniformes	Scyliorhinidae	*Atelomycterus marmoratus*
Orectolobiformes	Hemiscyllidae	*Chiloscyllium griseum*
Orectolobiformes	Hemiscyllidae	*Chiloscyllium punctatum*
Orectolobiformes	Brachaeluridae	*Brachaelurus colcloughi*
Myliobatiformes	Dasyatidae	*Taeniura lymma*
Myliobatiformes	Dasyatidae	*Dasyatis ushie*
Chondrichthyes Myliobatiformes	Dasyatidae	*Pastinachus sephen*
Myliobatiformes	Dasyatidae	*Himantura gerradi*
Myliobatiformes	Dasyatidae	*Dasyatis parvonigra*
Myliobatiformes	Myliobatidae	*Aetobatus narinari*
Rajiformes	Rajidae	*Rhycobatus australiae*
Tetraodontiformes	Balistiidae	*Abalistes stellaris*

Tetraodontiformes	Diodontidae	*Diodo hystix*
Tetraodontiformes	Monocanthidae	*Chaetodermis penicilligerus*
Tetraodontiformes	Monocanthidae	*Monacanthus chinensis*
Tetraodontiformes	Monacanthidae	*Aluterus scriptus*
Tetraodontiformes	Monocanthidae	*Aluterus monocerus*
Tetraodontiformes	Monocanthidae	*Pseudomonacanthus macrurus*
Tetraodontiformes	Ostraciidae	*Ostracion cubicus*
Tetraodontiformes	Ostraciidae	*Ostracion nasus*
Tetraodontiformes	Tetraodontidae	*Lagocephalus suezensis*
Tetraodontiformes	Tetraodontidae	*Arothron immaculatus*
Tetraodontiformes	Tetraodontidae	*Arothron mappa*

Foi registado um total de 5341 indivíduos que compreende 47 famílias pertencentes a 75 géneros de 108 espécies durante todo o período de amostragem (Abril de 2019 até Outubro de 2019) das águas costeiras de Pekan, Pahang de (Quadro 1). Os peixes capturados foram dominados por Nemipteridae seguidos pela família Lutjanidae e Carangidae. Estas 47 famílias foram categorizadas sob a classe de Chondrichthyes e Osteichthyes, que desempenharam um papel vital para fazer a composição das espécies de peixes em Pekan de águas costeiras. A classe Osteichthyes (peixes de barbatanas de arraia) foi observada como a maior classe de vertebrados, juntamente com 50 espécies encontradas neste estudo. Os peixes desta classe foram identificados com raios finos e escamas no seu corpo (ganoide, ciclóide ou ctenóide).

Entre as outras famílias deste estudo, a família Nemipteridae foi dominante, contribuindo com 36,01% do total de peixes capturados na área de estudo durante a época não-monções e monções com o índice de diversidade (H') de 1.376 e 1.115, respectivamente. A família Nemipteridae é constituída por 5 espécies que são: *Pentapodus setosus, Scolopsis monogramma, Nemipterus furcosus, Scolopsis taenioptera* e *Scolopsis affinis*. Esta família ou também conhecida como sargo-da-fena é um peixe demersal comum do Indo-Pacífico que compreende 3 géneros, nomeadamente; *Nemipterus, Pentapodus* e *Scolopsis*. Entre todas as espécies da família Nemipteridae, *Nemipterus furcosus* foi a dominante entre as 5 espécies.

Com base nas amostras recolhidas, Nemipterus *furcosus* é considerada como a espécie dominante devido à maior abundância, contribuindo com 43% para o número de indivíduos capturados na área de amostragem. O número mais elevado registado foi em Outubro. A segunda espécie mais elevada foi também da família Nemipteridae, que é *Pentapodus setosus*, contribuindo com 29%. *Scolopsis monogramma, Scolopsis taenioptera* e *Scolopsis affinis* foi registado pelo número total de indivíduos capturados 413, 159 e 66 respectivamente. *Nemipterus furcosus* e *Scolopsis taenioptera* foi o mais elevado em Outubro, com 542 indivíduos e 80 indivíduos, *Scolopsis monogramma,* foi registado o mais elevado em Agosto, o mesmo que *Scolopsis affinis*.

Quadro 2: variação sazonal na Percentagem de abundância de peixe (%) do Pekan de Águas Costeiras, Pahang

Não monções		Monsoon	
Família	Abundância (%)	Famílias	Abundância (%)
Nemipteridae	36.01%	Nemipteridae	48.71%
Lutjanidae	21.85%	Lutjanidae	15.91%
Carangidae	5.73%	Carangidae	11.25%
Serranidae	3.89%	Serranidae	4.45%
Sparidae	3.31%	Haemulidae	3.59%
Siganidae	2.70%	Siganidae	2.52%
Mullidae	2.54%	Monocanthidae	2.38%
Caesionidae		Sparidae	1.79%
Dasyatidae		Scombridae	1.59%
Haemulidae	1.55%	Tetraodontidae	1.24%
Monocanthidae	1.55%	Caesionidae	1.24%
Rajidae	1.51%	Mullidae	
Ariidae	1.31%	Ariidae	0.86%
Scaridae	1.19%	Lethrinidae	0.76%
Chirocentridae	1.15%	Holocentridae	0.48%
Tetraodontidae	1.10%	Sphyreanidae	0.48%
Hemiscyllidae	1.06%	Gerreidae	0.35%
Brachaeluridae		Scaridae	0.24%
Scombridae		Brachaeluridae	0.17%
Sciaenidae	0.86%	Eugraulidae	
Gerreidae	0.82%	Ostraciidae	
Holocentridae	0.82%	Balistiidae	0.10%
Scatophagidae	0.74%	Chaetodontidae	0.10%
Sphyreanidae	0.74%	Cyglossidae	0.07%
Lethrinidae	0.41%	Drepaneidae	0.07%
Drepaneidae	0.37%	Ephippidae	0.07%

Chaetodontidae	0.33%	Batrachoididae	0.03%
Toxotidae	0.33%	Chirocentridae	0.03%
Polynemidae	0.49%	Dasyatidae	0.03%
Ostraciidae	0.29%	Hemiscyllidae	0.10%
Labridae		Lactariidae	0.10%
Scyliorhinidae		Labridae	0.03%
Pomacentridae	0.08%	Pomacentridae	0.03%
Mugilidae	0.08%		
Ephippidae	0.08%		
Eugraulidae	0.08%		
Rachycentridae	0.08%		
Clupeidae	0.04%		
Diodontidae	0.04%		
Myliobatidae	0.04%		
Pomacanthidae	0.04%		
Psettodidae	0.04%		
Plotosidae	0.04%		

A família Nemipteridae é um peixe de fundo que vive em fundos de lama e areia, tanto em águas costeiras costeiras interiores como em águas de plataformas offshore. Os caracteres desta família são alongados a peixes esparóides de profundidade moderada, comprimidos e de tamanho pequeno a médio. Em *Nemipterus* e *Pentapodus,* a boca é terminal, pequena a moderada; moderadamente protrusível; dentes nos maxilares cónicos, caninos aumentados presentes. A cor do corpo parece ser extremamente emergente, frequentemente rosada ou avermelhada com marcas vermelhas, amarelas ou azuis. Os pescadores apanham muitas vezes estes peixinhos de barbatanas de fio, uma vez que tem uma grande procura no mercado.

A família Lutjanidae foi a segunda maior família capturada nesta área de estudo, contribuindo com 21,85% de todos os peixes capturados durante a época de não-monção. A família de Lutjanidae da área de amostragem consistiu em *Lutjanus vitta, Lutjanus ruselli,* e *Lutjanus lutjanus lutjanus*. A percentagem de espécies que contribuíram desta família foi; *Lutjanus vitta*: 38%, *Lutjanus ruselli*: 1%, *Lutjanus lutjanus lutjanus*: 61% (Quadro 2).

13

Quadro 3: A diversidade e o índice de dominância dos peixes identificados a partir dos locais de amostragem.

Variações sazonais	Nº total de espécies encontradas	H'	1-D	BP
Não-monsoon	92	3.284	0.9326	0.1335
Monsoon	67	2.766	0.8798	0.2751

O valor do índice de diversidade Shannon Weaver (H'), Índice Simpson e Índice Berger Parker foram calculados de acordo com variações sazonais. Após o cálculo de amostras inteiras (108), foi encontrado o valor total de H'
3.288 durante a época não-monções e 2.766 durante a época das monções. Não há diferença significativa (p>0,05) entre duas monções. Durante a época não monção, o índice de diversidade mais alto de Shannon (2,978) foi encontrado em Junho e o mais baixo (2,466) foi encontrado em Maio. Entretanto, o maior índice de diversidade de Shannon (2,884) foi encontrado em Setembro e o mais baixo (2,244) em Outubro durante a época das monções. O índice de diversidade Simpson, (1/D) foi mais alto (0,9327) durante a época não monção em comparação com a época não monção (0,8798). O índice Berger Parker Dominance (a/d) mostrou que o domínio das espécies foi maior durante a época das monções com 0,2751 em comparação com a época não monção (0,1334) (Quadro 3)

DISCUSSÃO
O declínio dos peixes ocorreu geralmente devido a vários factores tais como a sobreexploração das espécies, a introdução de espécies invasoras, a poluição causada pela poluição urbana, industrial, bem como a perda da biodiversidade aquática tanto em ambientes de água doce como em ambientes marinhos. Como resultado, os valiosos recursos aquáticos estão a tornar-se cada vez mais propensos a mudanças ambientais, tanto naturais como artificiais. Assim, uma estratégia de conservação para proteger e conservar a vida aquática é necessária para manter o equilíbrio da natureza e apoiar a disponibilidade de recursos para as gerações futuras (Ahmad Azfar, 2009). O Mar do Sul da China situa-se na zona tropical do Oceano Pacífico ocidental, no canto sudeste do continente asiático, e é conhecido tanto pela sua elevada produtividade como pela rica diversidade de plantas e animais. Neste estudo, foi registado um total de 5341 indivíduos, compostos por 47 famílias e 108 espécies da água costeira Pekan, Pahang, sendo 2444 indivíduos registados durante a época não-monções e 2897 indivíduos durante a época das monções.

Estudos semelhantes foram conduzidos por outros investigadores no Mar do Sul da China. Randall e Lim (2000) listaram pelo menos 3.365 espécies de peixes marinhos do Mar do Sul da China. Mohsin e Ambak (1996) relataram 710 espécies de peixes marinhos provenientes das águas da Malásia e dos mares adjacentes. Adrim et al. (2004) registaram 430 espécies de peixes marinhos das ilhas Anambas e Natuna na Plataforma de Sunda entre a Península Malaia e Bornéu no Mar do Sul da China. Mais recentemente, Ambak et al. (2010) estimaram 2.243 espécies de peixes que ocorrem nas águas da Malásia e 26% das mais de 441 espécies de peixes registadas por Matsunuma et al. (2011) nas águas de Terengganu.

Os levantamentos de campo de peixes em Terengganu em 2008-2009 registaram 441 espécies de peixes marinhos e estuarinos de 108 famílias, constituindo cerca de 13% das mais de 3.365 espécies de peixes registadas por Randall e Lim (2000) do Mar da Southchina. A morfologia, ecologia, distribuição, espécimes com fotos, e literatura de peixes (300 famílias com 3086 espécies) que se encontram principalmente no Mar de Southchina foram recolhidos pela *Base de Dados de Peixes de Taiwan* (Shao 2011).

De acordo com Wang et al., (2012), havia 95 espécies em 86 géneros de 69 famílias foram identificadas através da utilização de códigos de barras de ADN de duas regiões no Mar de Southchina; Ilhas Spratly e Golfo de Beibu. Além disso, Adrim et al., (2004) registaram 430 espécies de peixes marinhos das ilhas Anambas e Natuna na Plataforma de Sunda entre a Península Malaia e Bornéu, no Mar do Sul da China. Mohsin e Ambak (1996) relataram 710 espécies de peixes marinhos das águas da Malásia e dos mares adjacentes.

Com base no índice Shannon-Weaver, a estação não-monção é mais diversificada em comparação com a estação das monções. No entanto, não há diferença significativa entre as duas estações. Além disso,

15

o índice de diversidade Simpson (1/d) mostrou que a estação não-monção é mais diversificada do que a estação das monções. De acordo com Alonso et al., (2017), o ciclo anual das monções é uma força natural importante que influencia os organismos marinhos nas regiões tropicais. Um estudo realizado por (Al, 2007) relatou que a temperatura afecta significativamente a dispersão das larvas marinhas devido à taxa de processos bioquímicos em organismos controlados pela temperatura. Como resultado, a população, as espécies e os processos a nível comunitário foram afectados. Pela flutuação da temperatura, o número e a diversidade das espécies adultas estão a mudar no ambiente marinho, uma vez que a larva

o tempo de desenvolvimento está a mudar. Era evidente que os valores dos parâmetros de qualidade da água ou o efeito do aumento da pressão de pesca seriam responsáveis pelas diferenças na diversidade de espécies em vários habitats do mar (Komsari et al, 2015; Jalal, et al, 2012 a, b). Os nossos dados de qualidade da água do Departamento de Meteorologia ao longo da água costeira Pekan mostraram que não houve grandes flutuações nos parâmetros físicos (dados de temperatura e pluviosidade) durante o período do estudo. Talvez a quantidade de precipitação com a gama de temperaturas existente possa ser dois factores principais no desencadeamento dos peixes capturados para iniciar actividades de desova e aumentar a abundância de três famílias (Nemipteridae seguida pela família Lutjanidae e Carangidae) na área de amostragem.

Neste estudo, a família Shannon-Weaver Nemipteridae registou o índice mais elevado de Shannon-Weaver na época das monções em comparação com a época não-monções. Esta área poderia ser uma zona de desova, tal como foi relatado pelo pescador quando observou peixes, ovos e alevins à volta da área de estudo. Além disso, os peixes pertencentes a esta família podem mover-se principalmente sob a forma de cardume para se alimentarem principalmente de outros peixes pequenos, cefalópodes, crustáceos e poliquetas. De facto, a maior captura desta família pode também dever-se à elevada procura no mercado, uma vez que são peixes comerciais e artesanais. Do mesmo modo, as famílias encontradas nesta área são Lutjanidae, Caesionidae, Lethrinidae e Haemulidae. Observou-se que diferentes espécies têm diferentes épocas de desova e habitats.

Portanto, os segundos indivíduos mais elevados capturados ao longo do período de amostragem são Lutjanidae. Esta família é também conhecida como snappers e contém mais de 100 espécies de peixes tropicais e subtropicais. O índice Shannon-Weaver deste peixe mostrou maior na época das monções em comparação com a época não-monções. De acordo com a Comunidade do Pacífico, esta família desova normalmente ao longo dos anos em águas mais quentes, mas, durante os meses mais quentes, viajam para águas mais frias, particularmente ao longo de recifes e canais exteriores para se reproduzirem. De acordo com Al (2007), as larvas de distância percorridas variavam com a temperatura do oceano. Descobriu-se que as larvas da mesma espécie viajam mais em águas mais frias do que em águas mais quentes. Os alevins em águas frias desenvolvem-se mais lentamente e derivam ainda mais antes de iniciarem a sua próxima fase de desenvolvimento, uma vez que os metabolismos lentos provocados pelas temperaturas frias. Os ovos fertilizados na maioria dos snappers relacionados com o recife eclodem que derivam com as correntes durante cerca de um mês e eclodem em formas pequenas. Após 3 a 8 anos, os juvenis tornam-se adultos maduros e expostos a áreas de águas costeiras abertas. Assim, são facilmente capturados à medida que se reúnem em grandes grupos para se reproduzirem, o que foi evidente durante o nosso período de estudo ao longo das zonas de pesca das águas costeiras de Pekan.

A terceira família altamente diversificada registada para este estudo foi Carangidae que contribuiu com 5,73% durante a época não-monção e 11,25% durante a época das monções. O habitat favorável desta família é a água costeira em águas tropicais e temperadas de todo o mundo. A maioria das espécies desloca-se em cardumes, excepto *Alectis*; algumas espécies estão largamente distribuídas e as crias podem geralmente ser encontradas em ambientes salobros, outras (*Elagatis* e *Naucrates*) são peixes pelágicos que normalmente se encontram à superfície ou perto da superfície em águas oceânicas. Entre

16

estas famílias, foram identificadas várias espécies; *Selaroides leptolepis, Selar boops, Atule mate, Tranchinotus blochii, Alectis indicus, Alectis ciliaris, Carangoides malabaricus,* e *Megalaspis cordyla.* O *actule mate* é o indivíduo mais alto capturado tanto das monções como das não-monções. De acordo com Mundy (2005), os adultos podem ser encontrados em áreas de mangais e baías costeiras em águas pelágicas. Além disso, uma forma de escola pode ser registada em águas costeiras (Smith-Vaniz., 1999). A sua alimentação é predominantemente em crustáceos e vertebrados planctónicos, tais como copépodes (Allen et al., 2012; Fischer et al., 1990).

CONCLUSÃO
Um total de 5341 indivíduos compreendendo 75 géneros, 47 famílias e 108 espécies foi registado nas águas costeiras de Pekan, Pahang, Malásia. Os peixes capturados foram dominados por Nemipteridae seguidos por Lutjanidae e a família Carangidae era altamente diversificada na área de estudo. A presença de juvenis de diferentes tamanhos na rede de pesca indicou que a área de desova das espécies destas três (3) famílias poderia estar localizada ao longo da água costeira Pekan. Globalmente, a elevada diversidade de espécies na zona de amostragem poderia sugerir que ali

poderia ser muitas espécies de sucesso e um ecossistema mais estável. Além disso, uma complexa teia alimentar e alterações ambientais são menos susceptíveis de prejudicar o ecossistema nas proximidades das águas costeiras de Pekan.

No entanto, as actividades de pesca ao longo das águas costeiras precisam de ser controladas no sentido de uma forma discriminatória para o desenvolvimento sustentável destas valiosas espécies comerciais nesta fascinante água costeira de Pekan, Pahang, Malásia. Os programas de controlo das pescas devem envolver a amostragem periódica utilizando técnicas como a pesca experimental e o levantamento aéreo dos pescadores, a fim de determinar a diversidade de espécies e a socioeconómica da comunidade pesqueira. A informação obtida poderia então ser utilizada para determinar a salubridade das águas costeiras, estuarinas e fluviais, bem como para iniciar os programas de gestão e conservação adequados ao longo do Mar do Sul da China.

REFERÊNCIAS
Adrim, M., I.-S. Chen, Z.-P. Chen, K. K. P. Lim, H. H. H. Tan, Y. Yusof, e Z. Jaafar. (2004). Peixes marinhos registados das Ilhas Anambas e Natuna, Mar do Sul da China. Rifas Bull. Zool. Suppl., (11): 117-130.
Ahmad Azfar, M. (2009) Diversidade e Distribuição de Peixes no Estuário de Pahang, Malásia. Tese de mestrado. 196 pp.
Al, M. I. O. et. (2007). How do Changes in Ocean Temperature affect Marine Ecosystems?, (52), 2007-2007. A partir de http://ec.europa.eu/environment/integration/research/newsalert/pdf/52na2.pdf
Allen, G.R. e M.V. Erdmann, 2012. Peixes de recife das Índias Orientais. Perth, Austrália: University of Hawai'i Press, Volumes I-III. Tropical Reef Research.
Alonso Aller, E., Jiddawi, N. S., & Eklöf, J. S. (2017). As áreas marinhas protegidas aumentam a estabilidade temporal da estrutura da comunidade, mas não a densidade ou diversidade, das comunidades de peixes de ervas marinhas tropicais. *PLoS ONE, 12*(8), 1-23. https://doi.org/10.1371/journal.pone.0183999
Ambak, M.A., Mansor, M.I., Zaidi, M.Z. e Mazlan, A. G (2010). *Peixes na Malásia.* 315 pp.
Azid, A., Noraini, C., Hasnam, C., Juahir, H., Amran, M.A., Toriman, M.E. & Kamarudin, A. 2015. Medição da erosão costeira ao longo de Tanjung Lumpur até Cherok Paloh, Pahang, durante a estação das monções do Nordeste. *Jornal Teknologi* 1: 27-34.
Caruso, T., Pigino, G., Bernini, F., Bargagli, R., & Migliorini, M. (2007). O índice Berger-Parker como instrumento eficaz para a monitorização da biodiversidade de solos perturbados: um estudo de caso sobre assembleias de oribatida mediterrânica (Acari: Oribatida). *Biodiversidade e Conservação, 16*(12), 3277-3285.
Chong, V. C., Jamizan, A. R., Yazid, Z., Rizman, I., Ali, S. H. & Natin, P. (2010). Diversidade e

abundância de peixes e invertebrados do estuário de Semerak e águas costeiras adjacentes, Kelantan. *Malaysian Journal of Science* **29**, 91-106.

Department of Fisheries (2015) Plano nacional de acção para a gestão da capacidade de pesca na Malásia (Plano 2). 50 pp.

Fazly Amri Mohd, Khairul Nizam Abdul Maulud, Rawshan Ara Begum, Siti Norsakinah Selamat, & Othman A.Karim. (2018). Impacto das Alterações Costeiras na Área Costeira de Pahang através da Utilização de Tecnologia Geo-espacial. *Sains Malaysiana, 47*(5), 991-997.

Fischer, W., I. Sousa, C. Silva, A. de Freitas, J.M. Poutiers, W. Schneider, T.C. Borges, J.P. Feral and A. Massinga, 1990. Fichas FAO de identificaçao de espécies para actividades de pesca. Guia de campo das espécies comerciais marinhas e de águas salobras de Moçambique. Publicaçao preparada em collaboraçao com o Instituto de Investigaçao Pesquiera de Moçambique, com financiamento do Projecto PNUD/FAO MOZ/86/030 e de NORAD. Roma, FAO. 1990. 424 p.

Jalal, K.C.A, Kamaruzzaman, Y. Arshad A., Arafatur, R., Rahman, M. F. (2012 a). Diversidade e distribuição de peixes no estuário tropical Kuantan, Pahang, Malásia. Pakistan Journal of Biological Sciences, 15 (12), pp. 576-582.

Jalal, K.C.A., M. Ahmad Azfar, B. Akbar John, Y.B. Kamaruzzaman e S. Shahbudin. (2012 b). Diversidade e Composição Comunitária de Peixes no Estuário Tropical Pahang Malásia. Revista de Zoologia do Paquistão. 44(1), 181-187.

Komsari, M.S., Barni, A., Khara, H. (2015) Crescimento e população na estrutura da *Percafluviatilis Linnaeus* europeia, 1758 (Osteichthyes: Percidae) na zona húmida do Sudoeste do Mar Cáspio de Anzali. Ind, J. Fish. 62(1):6-11.

Mansor, M.I., Kohno, H., Ida, H., Nakamura, H. T., Aznan, Z. & Abdullah, S. (eds.), (1998). Guia de Campo para peixes marinhos comerciais importantes do Mar do Sul da China. SEAFDEC/MFRDMD/SP/2.

Matsunuma, M., Motomura, H., Matsuura, K., Shazili, N. A. M., & Ambak, M. A. (2011). *Peixes de Terengganu Costa Leste da Península Malaia, Malásia. Museu Nacional da Natureza e da Ciência.* Obtido em http://www.museum.kagoshima-u.ac.jp/staff/motomura/TFG_lowres.pdf

MMD. (2011). Revisão mensal da pluviosidade do Departamento Meteorologia da Malásia (2011). A partir de: http://www.met.gov.my/?lang=en

Mohsin, A. K. M. e M. A. Ambak. 1996. Peixes marinhos e pesca da Malásia e países vizinhos. Universiti Pertanian Press, Serdang, iv + xxxvi + 744 pp.

Mundy B.C., (2005). Lista de verificação dos peixes do arquipélago havaiano. Bispo Mus. Bull. Zool. (6):1- 704

Randall J.E., Lim KKP, Alien GR, Amaoka K, Anderson WD, Jr., Bellwood DR, Bohlke EB, Bradbury MG, Carpenter KE, Caruso JH, Cohen AC, Cohen DM. (2000). Uma lista de controlo dos peixes do Mar do Sul da China. Suplemento de Raffles Bull Zool: 569–667.

Shannon, C. E., e Weaver, W., 1949. *The Mathematical Theory of Communication (Teoria Matemática da Comunicação).*

Shao K.T., (2011). A Base de Dados de Peixes de Taiwan. Publicação electrónica da WWW Web. versão 2009/1. Simpson, E. H. (1949). Medição da diversidade. *Natureza 163*, 688

Smith-Vaniz, W.F., 1999. Carangidae. Jacks and scads (também trevallies, queenfishes, runners, amberjacks, pilotfishes, pampanos, etc.). p. 2659-2756. Em K.E. Carpenter e V.H. Niem (eds.) Guia de identificação de espécies da FAO para fins de pesca. Os recursos marinhos vivos do Pacífico Centro-Oeste. Vol. 4. Bony fishes part 2 (Mugilidae to Carangidae). Roma, FAO. 2069-2790 p.

Tobergte, D.R. & Curtis, S. 2013. Região da costa oriental da Malásia. *Journal of Chemical* Urbana: University of Illinois Press.

Wang, Z. D., Guo, Y. S., Liu, X. M., Fan, Y. B., & Liu, C. W. (2012). Código de barras de ADN dos peixes do Mar do Sul da China. *ADN mitocondrial, 23*(5), 405-410. https://doi.org/10.3109/19401736.2012.710204

Estudo do ensaio da actividade de Glucose-6-Fosfato Desidrogenase em Estreptomicetos de Manguezal para a Produção de Actinohordin e Subcicloprodigiosina

Azizan, N.H. *1, Zainal Abidin, Z.A. [1], Sharif, M.F. [1] e Mohd Maizam, A.F. [1]

[1]Departamento de Biotecnologia, Kulliyyah da Ciência, Universidade Islâmica Internacional da Malásia, Jalan Sultan Ahmad Shah, Bandar Indera Mahkota, 25200, Kuantan, Pahang, Malásia.
*Autor correspondente:fizahazizan@iium.edu.my

ABSTRACT

Este estudo avalia o potencial da utilização do ensaio de actividade glucose-6-fosfato desidrogenase para produções de Actinohordin e Undecylprodigiosina a partir de Streptomyces de mangrove. Anteriormente, havia vários métodos utilizados para o rastreio de actividades antimicrobianas, tais como o teste da mancha de ágar e o ensaio de difusão em disco, mas estes são métodos de rastreio demorados e demorados. Assim, para superar as limitações do ensaio baseado em placas é sugerido para permitir um rastreio rápido na produção de metabolitos secundários de numerosas amostras de uma só vez. O desenvolvimento do ensaio à base de placas foi realizado através da optimização do ensaio de actividade glucose-6-fosfato desidrogenase. Este ensaio acoplado baseou-se na produção de diidronicotinamida - adenina dinucleótido fosfato (NADPH), tendo sido refinada uma combinação correcta de nicotinamida adenina dinucleótido fosfato (NADP) e glucose-6-fosfato (G6P). A produção de NADPH foi medida a uma absorção de 340 nm onde o cofactor reduzido NADPH é prontamente absorvido a este comprimento de onda. A amostra com diferentes concentrações de lisado bruto foi submetida a várias concentrações de substratos para obter a melhor curva de actividade. Ainda que a elucidação de padrões claros seja especulativa, acredita-se que algumas melhorias ou optimizações deste estudo poderiam oferecer conhecimentos promissores que podem servir de referência útil no futuro.

Palavras-chave: *Actinohordin, Diidronicotinamida-Adenina Dinucleótido Fosfato, Nicotinamida-Adenina Dinucleótido e Undecylprodigiosin.*

INTRODUÇÃO

Actinomycetes são bactérias filamentosas gram-positivas que produzem hipas aéreas e se diferenciam em cadeias de esporos (Kämpfer, 2015; Barka *et. al.*, 2016). Podem ser encontrados no solo, na água doce e em ambientes marinhos. Produziram vários compostos úteis conhecidos como metabolitos secundários com aplicações importantes tais como antibióticos tetraciclina, eritromicina, vancomicina e estreptomicina (Weber *et al*, 2015). Durante os últimos trinta anos, os investigadores têm demonstrado um interesse crescente pelas bactérias produtoras de antibióticos, uma vez que estas dão muitos benefícios na medicina humana, bem como na produção comercial.

Anteriormente, as actividades antimicrobianas dos metabolitos secundários eram avaliadas cobrindo uma placa de isolamento com organismo indicador ou teste de ágar-spot onde tem sido utilizado para detectar actividade antagonista entre bactérias (Kun, 2003). No entanto, estes métodos têm grandes limitações onde poderia ocorrer contaminação potencial de colónias seleccionadas com organismos indicadores. Além disso, são métodos de rastreio demorados, dado que apenas um organismo indicador pode ser aplicado a cada placa de isolamento de cada vez. Além disso, o HPLC é também uma das opções de métodos de rastreio, mas demorado (Ethiraj *et al.,* 2011).

No entanto, os metabolitos secundários são tipicamente produzidos numa quantidade muito baixa na natureza. Assim, muitas pesquisas foram feitas anteriormente para estudar a rede metabólica do metabolismo central do carbono, precursores e cofactores necessários na síntese de metabolitos secundários para melhorar o rendimento do produto (Fan *et al.*, 2016). Verifica-se que as quantidades de precursores para a produção de metabolitos secundários necessárias do metabolismo primário se tornam gradualmente limitadas à medida que o rendimento do produto aumenta. Por conseguinte, é necessário

fornecer um número adequado de precursores que é geralmente fornecido pelo catabolismo de substratos de carbono para obter um elevado rendimento de metabolitos secundários.

Assim, para optimizar o ensaio enzimático, foi concebido um estudo para induzir a produção de dois compostos metabólicos secundários, actinohordin (ACT) e undecylprodigiosin (RED), visando a via do fosfato pentose (PPP) de *Streptomyces*. Isto é realizado promovendo a conversão da primeira enzima da via, que é a glucose-6-fosfato desidrogenase (G6PDH), encontrando a melhor combinação de proporção dos seus substratos; glucose-6-fosfato (G6P) e nicotinamida adenina dinucleótido (NAD). Isto é para assegurar que as enzimas G6PDH são fornecidas com quantidades adequadas de substrato a fim de maximizar a produção de NADPH antes de catalisar a segunda via metabólica que, em conjunto, irá aumentar a produção de antibióticos, como sugerido por Gunarson *et al.*, (2004). Essencialmente, o NADPH é o agente redutor utilizado no processo de produção de metabólitos secundários.

ACTINOMICETES
O nome actinomycetes deriva da palavra grega "aktis" que significa um raio e "mykes" que se refere a fungos. Este nome foi dado pela análise da sua morfologia onde possuem características tanto de bactérias como de fungos (Das *et al.*, 2008) mas ainda assim, estão categorizados em reino bacteriano (Madigan *et al.*, 2009). Contêm ADN rico em G+C a cerca de 57-75% (Lo *et al.*, 2002) que estão filogeneticamente relacionados a partir de provas de catalogação de 16s ribosomal e ADN: estudos de emparelhamento de rRNA por Goodfellow & Williams (1983). Caracterizam-se por um ciclo de vida complexo, como descrito pelo phylum Actinobacteria, que representa uma das maiores unidades taxonómicas entre as 18 principais linhagens actualmente reconhecidas dentro do Domínio Bacteria (Ventura *et al.*, 2007).

Os actinomicetos encontram-se normalmente tanto nos ecossistemas terrestres como aquáticos que se encontram principalmente no solo. Desempenham um papel importante na reciclagem de biomateriais refractários através da decomposição de misturas complexas de polímeros em plantas, animais e materiais fúngicos mortos, resultando na produção de muitas enzimas extracelulares que são conducentes à produção de culturas (Chaudhary *et al.*, 2013). Além disso, os actinomicetos também dão grandes efeitos no amortecimento biológico dos solos, controlo biológico dos ambientes através da fixação de azoto e degradação de compostos de elevado peso molecular como os hidrocarbonetos no solo poluído. Assim, estes microrganismos desempenham papéis vitais na manutenção dos nossos ecossistemas.

Acima de tudo, os actinomicetos são bactérias valiosas que são comummente conhecidas devido à sua capacidade de produzir metabolitos secundários. Berdy (2005) relatou que 10000 dos 23000 metabolitos secundários bioactivos produzidos por microrganismos são originários de bactérias actinomycetes, representando 45 % de todos os micróbios bioactivos descobertos. Entre vários géneros de actinomycetes, os principais produtores de compostos bioactivos comerciais são *Streptomyces, Saccharopolyspora, Amycolatopsis, Micromonospora e Actinoplanes* (Solanki *et al.*, 2008).

Streptomycetes coelicolor A3 (2)
As espécies Streptomycetes são bactérias aeróbicas e gram-positivas que mostram um crescimento filamentoso a partir de um único esporo. Uma rede de filamentos ramificados chamados como micélio

de substrato será formada quando os seus filamentos crescerem através da extensão da ponta e ramificação (Dyson, 2011). São amplamente reconhecidos por serem o maior produtor e terem produzido um total de 7600 compostos (Berdy, 2005). Como resultado, os *estreptomicetos* tornaram-se os actinomicetos produtores primários de antibióticos explorados pela indústria farmacêutica.

Streptomyces coelicolor A 3(2), é a estirpe mais conhecida do produtor de metabolitos secundários de streptomycetes. Segundo Zhu *et al.*, (2014), muitos metabolitos secundários foram descobertos a partir desta estirpe, como a actinohodina (ACT), a undecylprodigiosina (RED), o antibiótico dependente do cálcio (Cda), e a metilenomicina codificada com plasmídeos (Mmy). Além disso, a sequência genómica de *S. coelicolor* ainda revelou muitos grupos de genes biossintéticos previamente não identificados, incluindo um para um provável antibiótico chamado polietileno críptico (Cpk), mesmo depois de 50 anos de investigação sobre o mesmo. Um estudo da sequência de clusters de genes antibióticos e o o

O genoma completo de *S. coelicolor* revelou que tais microrganismos são provavelmente capazes de produzir um maior número de metabolitos secundários (Higginbotham & Murphy, 2010).

ACTINORHODIN (ACT) E UNDECYLPRODIGIOSIN (VERMELHO)
S. coelicolor sintetiza dois pigmentos quimicamente distintos que são geralmente considerados como metabolitos secundários que são actinorhodina (ACT), um indicador de pH vermelho-azulado difusível e a undecylprodigiosina (RED), um composto associado à parede da célula vermelha (Rudd & Hopwood, 1980). Durante os últimos trinta anos, os investigadores têm demonstrado um interesse crescente em compostos VERMELHO devido às suas propriedades imunossupressoras e anticancerígenas, para além das actividades antimicrobianas. Entretanto, o composto ACT exibe actividade antibacteriana contra células gram-positivas (Mak, Xu & Nodwell, 2014)

A actinorhodina é um polieto aromático sintetizado por enzimas codificadas num aglomerado de genes de 22kb. O grupo de genes responsável pela produção de actinorhodina contém as enzimas biossintéticas e os genes responsáveis pela exportação do antibiótico. O aglomerado de actinorhodina biossintética codifica também um activador específico da via (actII-orf4) que activa os genes biossintéticos. Este gene activador está por sua vez sujeito à acção de reguladores globais que podem activar ou reprimir a sua expressão (Craney, Ahmed & Nodwell, 2013). Além disso, a sua produção ocorre utilizando uma politase sintética de polietilenos de tipo II (PKS). A formação da actinorhodina começou quando a espinha dorsal de carbono é produzida inteiramente a partir de precursores de ácidos gordos, acetil-CoA e malonil-CoA no metabolismo primário.

Entretanto, undecylprodigiosin é um antibiótico vermelho pigmentado, associado à parede celular, que pertence a um grupo de compostos bioactivos de polipirrol chamados prodiginines (Luti & Yonis, 2014) que é dirigido por um grupo de gra×B0-kb. Dois activadores transcripcionais específicos do caminho envolvidos para a activação do gene da prodiginina são RedZ e RedD. No caminho, RedZ funciona como activador directo do RedD que actua depois sobre os genes biossintéticos (Craney, Ahmed & Nodwell, 2013).

Foi realizado um estudo com o objectivo de determinar a relação entre a produção de metabolitos secundários e a composição dos meios de crescimento. Como resultado, mostra que o Act produziu principalmente na fase estacionária de culturas em lotes cultivados com glucose e nitrato de sódio como fontes de carbono e azoto. Entretanto, o Vermelho acumulado durante a fase exponencial. A produção de ambos os pigmentos era sensível aos níveis de amónio e fosfato no meio (Hobbs *et al.*, 1990).

Além disso, foram feitos vários estudos sobre a eliminação da região codificadora do gene da sintetase ppGpp, relA em *Streptomyces celicolor* A3 (2) correspondem à produção de antibióticos. Observaram que existe uma correlação entre o gene ppGpp synthetase, relA e o início da produção de undecylprodigiosina (Vermelho) e actinorhodin (Act), levando à sugestão de que o ppGpp desempenha

21

um papel central no desencadeamento da síntese antibiótica (Chakraburtty *et al.*, 1996).

Estudos de culturas em lote, algumas das quais foram sujeitas à fome de aminoácidos, indicaram uma correlação entre a síntese ppGpp e a transcrição entre genes reguladores específicos do Red e do Act (os dois antibióticos pigmentados feitos pela estirpe). A relA mutante nula foi cultivada ao mesmo ritmo que as estirpes parentais, resultando na produção de esgotamento tanto do Act como do Red sob condição de limitação de azoto, mas parecia produzir normalmente sob outras condições (Chakraburtty, R., & Bibb, M. 1997). Isto indica que a actinorhodina e a undecylprodigiosina não podem ser produzidas devido ao gene ppGpp synthetase, relA não pode funcionar no seu melhor sob a fome de aminoácidos.

ENSAIO DE GLUCOSE-6-FOSFATO DESIDROGENASE (G6PDH)
Anteriormente, muitas pesquisas tinham provado que a produção de metabolitos secundários depende do suplemento de precursores do metabolismo primário. Por exemplo, em 2012, foi realizado um estudo por Wentzel *et al*, para encontrar a relação entre os fluxos de carbono para a formação de biomassa e a produção de antibióticos, alterando as fontes de carbono e azoto ou variando os volumes iniciais de sementeira das células nos meios de cultivo

(Cheng *et al.*, 2013). Ambos os estudos tinham revelado que a reacção relacionada com a via do aminoácido ajudou a concentrar os fluxos para a biossíntese de vários precursores necessários para sintetizar os metabolitos secundários.

Na sequência disto, o estudo recente foi conduzido visando as vias de fosfato pentose para melhorar a produção de metabolitos secundários (Actinorhodin e Undecylprodigiosin). Como mencionado por Fan *et al.*, (2016), a via do fosfato pentose desempenha um papel importante na produção de metabolitos secundários e é considerada como a fonte de precursores.

G6PDH + G6P + NAD ❼ 6-phospho-D-glucono-1,5-lactone + NADPH

Isto é realizado maximizando a conversão da primeira enzima da via, glucose-6-fosfato desidrogenase (G6PDH), fornecendo um número adequado de substratos que são glucose-6-fosfato (G6P) e nicotinamida adenina dinucleótido (NAD) para melhorar a produção de NADPH. Como sugerido por Gunarson, Eliasson & Nielsen (2004), o NADPH desempenha um papel importante na melhoria dos metabolitos secundários. O NADPH é o agente redutor utilizado no processo de produção de metabolitos secundários, e a via do fosfato pentose é uma das mais importantes vias de produção de NADPH. A primeira enzima da via, a glucose-6-fosfato desidrogenase (G6PDH) é geralmente considerada como um produtor exclusivo de NADPH.

MATERIAIS E MÉTODOS
ESTIRPES
BACTERIANAS
Streptomyces sp. K2-11 foram retiradas de colecções de laboratório (Laboratório de Investigação 3, Kulliyyah Science, IIUM Kuantan) que foram isoladas de sedimentos de mangais de Tanjung, Lumpur, Kuantan, Pahang.
.

PREPARAÇÃO DOS MEIOS DE COMUNICAÇÃO
Meio SMMS limitador do azoto
Até 2 g de ácidos casamino Difco, tampão TES (5,68Gl-1) e ágar Bacto foram dissolvidos em água destilada. Depois o pH foi ajustado para 7,2 utilizando 10 M de NaOH antes da autoclavagem. Os

22

meios com os seguintes ingredientes foram adicionados com uma quantidade específica: NaH2PO4 + K2H2PO4 (50 Mm cada, 10 mL por litro de cultura), MgSO4.7H2O (1 M, 5 mL por litro de cultura), glucose (50% u.v., 18 mL por litro de cultura). Os elementos vestigiais que contêm o.1 gL-1 cada um de ZnSO4.7H2O, FeSO4.7H2O, MnCl2.4H2O, CaCl2.6H2O e NaCl. A solução foi armazenada em 4ºC num frigorífico.

CULTURA de *Actinomycetes*
Todas as estirpes bacterianas foram cultivadas em meio SMMS limitador de azoto. As amostras foram incubadas em 28ºC, agitadas a 120 rpm durante catorze dias.

ENSAIO DE GLUCOSE-6-FOSFATO DESIDROGENASE
Preparação de Extractos
O método foi realizado de acordo com o protocolo por Borodina *et al.*, (2008). As células utilizadas nos ensaios de actividade foram colhidas após 67 h de crescimento em 200 ml de meio definido num frasco de 1 litro equipado com uma espiral de aço inoxidável. As células foram colhidas por centrifugação e ressuspendidas em tampão contendo 50 mM TES, pH 7,2, 5 mM MgCl2, 5 mM 2-mercaptoetanol, 50 mM (NH4)$_{2SO4}$, e 0,1 mM fenilmetilsulfonil fluoreto (tampão A). Lysozyme (adicionar na concentração) foi utilizado para quebrar as células.

Ensaio de actividade G6PDH

Os ensaios Glucose-6-fosfato desidrogenase (G6PDH, EC 1.1.1.49) baseiam-se na produção de NADPH e foram realizados de acordo com o protocolo de Lessie e Wyk, (1972) e modificados por Butler *et al.*, (2002). Tanto o consumo de NADH como a produção de NADPH foram medidos espectrofotometricamente a 340 nm. Os lisados brutos foram aplicados ao ensaio de actividade de G6PDH utilizando substratos fornecidos (G6P e NAD). O ensaio foi realizado numa placa de 96 poços durante dois minutos, permitindo a análise simultânea de um grande número de amostras.

G6PDH + G6P + NADP ❼ 6-fosfo-D-glucono-1,5-lactone + NADPH

RESULTADOS E PREPARAÇÃO DE EXTRACTOS DE DISCUSSÃO
Cinco géneros de Actinomycetes que são *Streptomyces, Micromonospora, Nocardia, Nocardiopsis* e *Rodhococcus* foram retirados de colecções de laboratório. Estes micróbios foram identificados e conhecidos por produzir actividade antimicrobiana. Todos os isolados foram cultivados em meio SMMS limitador de azoto. No entanto, devido a restrições de tempo, apenas *Streptomycetes* foi escolhido para ser ensaiado para a produção de metabolitos secundários. O *Streptomycetes* foi cultivado em placas SMMS durante cinco dias e foi subcultivado em caldo SMMS durante mais três dias, de acordo com o protocolo de Borodina *et al.*, (2008). Depois, as células foram colhidas por centrifugação e ressuspendidas num tampão e depois repetidas por três vezes. Isto para garantir que 90 % das células foram lisadas e libertadas as proteínas. O fluoreto de fenilmetilsulfonil, conhecido como inibidor da serina protease, foi incluído no tampão para evitar a degradação da proteína.

ENSAIOS DE GLUCOSE-6-FOSFATO-DESIDROGENASE
Os lisados brutos foram aplicados ao ensaio de actividade G6PDH utilizando substratos fornecidos (G6P e NADP). O ensaio foi realizado numa placa de 96 poços que permitiu a análise simultânea de um grande número de amostras. A reacção foi monitorizada medindo a absorvância a 340 nm durante dois minutos e o cofactor reduzido, os NADPH foram prontamente absorvidos a este comprimento de onda.

As taxas de reacção medidas em diferentes substratos e concentrações de proteínas foram mostradas na Figura 4.1. A fim de obter a melhor curva de actividade para a condição dada, foram preparadas sete amostras de diferentes concentrações de lisados brutos (100 µL, 50 µL, 25 µL, 12,5 µL, 6,25 µL, 3,125 µL, e 1,5625 µL). Em seguida, todas as amostras foram sujeitas a várias concentrações de substrato para triagem para a melhor actividade enzimática. Neste estudo, oito concentrações do substrato foram escolhidas para serem testadas com diferentes concentrações enzimáticas (2 µM, 5 µM, 10 µM, 20 µM, 30 µM, 40 µM, 50 µM e 60 µM). Os resultados mostram que a taxa de reacção de várias concentrações do substrato foi aumentada à medida que a concentração enzimática aumentava. A reacção com 20 µM de substrato tem a maior actividade enzimática. Entretanto, a menor actividade enzimática foi mostrada na reacção com 50 µM de substrato para todas as concentrações enzimáticas testadas.

A figura 4.1 mostra que em concentrações mais elevadas de lisados brutos especificamente 100 µM, 50 µM e 25 µM, a reacção não foi estável quando submetida a concentrações mais baixas de substratos (2 µM, 5 µM, 10 µM, 20 µM). Contudo, as reacções começaram a aumentar à concentração do substrato de 30 µM a 60 µM. Estas condições foram contraditas com a reacção demonstrada por concentrações mais baixas de lisados brutos (12,5 µM, 6,25 µM, 3,125 µM e 1,5625 µM) onde a reacção aumentou ligeiramente com menor concentração de substratos e diminuiu com a presença de alta concentração de substrato. Assim, pode-se ver que uma maior concentração de enzimas e substratos aumentará a actividade, enquanto que uma menor concentração de enzimas com maior concentração de substrato reduzirá a actividade.

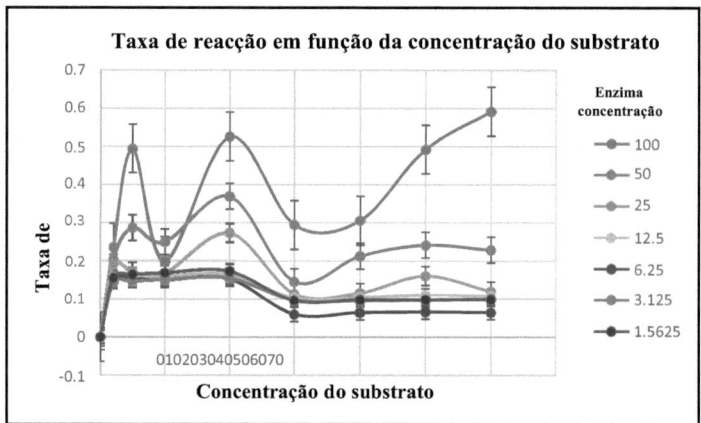

Fig. 4.1: Medição das actividades enzimáticas a partir de lisados brutos produzidos no comprimento de onda 340 nm com diferentes concentrações do substrato. Todas as leituras foram normalizadas com controlo

Globalmente, pode concluir-se que a actividade enzimática funciona no seu melhor com concentrações crescentes de enzimas, bem como de substrato. No entanto, um melhor ensaio poderia ser conduzido através da utilização de uma enzima purificada. De acordo com Sharma e Chand, (2012), as proteínas purificadas exibem melhores leituras de actividade em comparação com as enzimas brutas. Isto pode ser devido a impurezas proteicas presentes na reacção que podem interferir com as leituras de absorção.

De acordo com Bisswanger (2014), há vários factores que podem afectar o ensaio para além do pH, temperatura e força iónica. Por exemplo, as concentrações reais de todos os componentes do ensaio. Isto pode contribuir para os desvios das condições óptimas da proteína, o que provoca uma redução da actividade. Por exemplo, as reacções enzimáticas dependentes do ATP necessitam de Mg2+ como íons contrários essenciais. A mistura do ensaio tornar-se-á limitada se apenas ATP sem Mg2+ forem adicionados mesmo em concentração suficiente, especialmente se compostos complexantes como fosfatos inorgânicos ou EDTA estiverem presentes. Neste estudo, isto também poderia ser considerado como um factor que contribui para as leituras flutuantes. Esta propriedade físico-química das enzimas G6PDH necessita de mais estudos para uma melhor condição de ensaio.

CONCLUSÃO

Esta tentativa preliminar de optimizar o ensaio de actividade glucose-6-fosfato desidrogenase foi encorajadora. Embora o ensaio de actividade glucose-6-fosfato desidrogenase não tenha sido totalmente optimizado, há algum conhecimento que ainda podemos perceber fora deste projecto. Um dos conhecimentos foi que esta enzima é um alostérico que não obedece à cinética Michealis -Menten devido à presença de múltiplos locais de ligação. Acredita-se que, com a melhoria de certos factores como a utilização de enzimas mais puras, o estudo poderia oferecer resultados mais promissores. Além disso, esta proteína tem maior potencial para a produção de metabolitos secundários através da formação de NADPH, uma vez que o G6PDH é geralmente considerado como produtor de NADPH através da via de fosfato pentose (PPP). No entanto, uma intensa investigação sobre as propriedades físicas e físico-químicas do G6PDH deve ser conduzida para uma melhor compreensão de toda a reacção enzimática.

REFERÊNCIAS

Barka, E. A., Vatsa, P., Sanchez, L., Gaveau-Vaillant, N., Jacquard, C., Klenk, H. P., ... & van Wezel, G.
    P. (2016). Taxonomia, fisiologia, e produtos naturais de Actinobactérias. *Revisões de Microbiologia e Biologia Molecular, 80*(1), 1-43.
Berdy, J. (2005). Metabolitos microbianos bioactivos. *Journal of Antibiotics,58*(1), 1. Bisswanger, H. (2014). Ensaios enzimáticos. *Perspectives in Science, 1*(1), 41-55.
Borodina, I., Siebring, J., Zhang, J., Smith, C. P., van Keulen, G., Dijkhuizen, L., & Nielsen, J. (2008). Sobreprodução de antibióticos em Streptomyces coelicolor A3 (2) mediada pela eliminação da fosfofructoquinase. *Journal of Biological Chemistry, 283*(37), 25186-25199.
Brockman, I. M., Prather, K. L. J., & Gupta, A. (2017). Dynamic Knockdown of Central Metabolism for Redirecting Glucose-6-Phosphate Fluxes. *Patente dos EUA N.º 20,170,130,210*. Washington, DC: U.S. Patent and Trademark Office.
Butler, M. J., Bruheim, P., Jovetic, S., Marinelli, F., Postma, P. W., & Bibb, M. J. (2002). Engineering of primary carbon metabolism for improved antibiotic production in Streptomyces lividans. *Microbiologia aplicada e ambiental, 68*(10), 4731-4739.
Craney, A., Ahmed, S., & Nodwell, J. (2013). Rumo   a uma   nova   ciência   metabolismo secundário. *The Journal of antibiotics, 66*(7), 387-400.
Chaudhary, H. S., Soni, B., Shrivastava, A. R., & Shrivastava, S. (2013). Diversidade e Versatilidade dos Actinomycetes e o seu Papel na Produção de Antibióticos. *Journal of Applied Pharmaceutical Science, 3*(8), 83-94.
Chakraburtty, R., White, J., Takano, E., & Bibb, M. (1996). Clonagem, caracterização e perturbação de um gene da (p)ppGpp sintetase (relA) de Streptomyces coelicolor A3 (2). *Microbiologia molecular, 19*(2), 357-368.
Chakraburtty, R., & Bibb, M. (1997). O gene ppGpp synthetase (relA) de Streptomyces coelicolor A3 (2) desempenha um papel condicional na produção de antibióticos e na diferenciação morfológica. *Journal of Bacteriology, 179*(18), 5854-5861.
Cheng, J. S., Liang, Y. Q., Ding, M. Z., Cui, S. F., Lv, X. M., & Yuan, Y. J. (2013). A análise

metabólica revela as respostas de aminoácidos de Streptomyces lydicus às relações de pitching durante a melhoria da produção de estreptolydigina. *Microbiologia e biotecnologia aplicadas*, *97*(13), 5943-5954.

Das, S., Lyla, P. S., & Khan, S. A. (2008). Distribuição e composição genérica de actinomicetos marinhos cultiváveis dos sedimentos da encosta continental indiana da Baía de Bengala. *Chinese Journal of Oceanology and Limnology*, *26*(2), 166-177.

Doelle, H. W. (2014). Respiração Aeróbica. *Metabolismo bacteriano* (pp. 364). Imprensa académica. Dyson, P. (2011). *Streptomyces: biologia molecular e biotecnologia*. Imprensa Científica Horizon.

Ethiraj, T., Revathi, R., Thenmozhi, P., Saravanan, V. S., & Ganesan, V. (2011). Desenvolvimento de método cromatográfico líquido de alto desempenho para análise simultânea de doxofylline e montelukast sódio numa forma combinada. *Métodos farmacêuticos*, *2*(4), 223-228.

Fan, Y., Hu, F., Wei, L., Bai, L., & Hua, Q. (2016). Efeitos da modulação da via do pentose-fosfato na biossíntese de ansamitocinas em Actinosynnema pretiosum. *Journal of biotechnology*, *230*, 3-10. Goodfellow, M., & Williams, S. T. (1983). Ecologia dos actinomicetos. *Revisões anuais em Microbiologia*, *37*(1), 189-216.

Gunarson, N., Eliasson, A., & Nielsen, J. (2004). Control of fluxes towards antiobiotics and the role of primary metabolism in production of antiobiotics. *Advance Biochemica. Biotecnologia de Engenharia.* , *88*, 137-178.

Higginbotham, S. J., & Murphy, C. D. (2010). Identificação e caracterização da actividade expositora de aStreptomyces sp. isolate contra Staphylococcus aureus resistente à meticilina. *Investigação Microbiológica*,*165*(1), 82-86.

Hobbs, G., Frazer, C. M., Gardner, D. C., Flett, F., F., & Oliver, S. G. (1990). Produção de antibióticos pigmentados por Streptomyces coelicolor A3 (2): cinética e a influência dos nutrientes. *Journal of General Microbiology*, *136*(11), 2291-2296.

Kämpfer, P. (2015). Streptomyces. *Bergey's Manual of Systematics of Archaea and Bacteria*, 1-414.

Kun, L. Y. (2003). Rastreio de produtos antimicrobianos. *Biotecnologia microbiana: princípios e aplicações*. (pp. 13). World Scientific.

Lessie, T. G., & Vander Wyk, J. C. (1972). Múltiplas formas de Pseudomonas multivorans glucose-6-fosfato e 6-fosfogluconato desidrogenases: diferenças de tamanho, especificidade dos nucleótidos de piridina, e susceptibilidade à inibição por adenosina 5'-trifosfato. *Journal of bacteriology*, *110*(3), 1107-1117.

Lo, C. W., Lai, N. S., Cheah, H. Y., Wong, N. K. I., & Ho, C. C. (2002). Actinomycetes isolados de amostras de solo do Crocker Range Sabah. *ASEAN Review on Biodiversity and Environmental Conservation (Análise da ASEAN sobre Biodiversidade e Conservação Ambiental)*.

Luti, K. J. K., & Yonis, R. W. (2014). Uma indução da Produção de Undecylprodigiosina a partir de Streptomyces coelicolor por Elicitação com Células Microbianas Utilizando Fermentação em Estado Sólido. *Iraqi Journal of Science,* 55(4A), 1553-1562.

Madigan, M. T., Martinko, J. M., Dunlap, P. V., & Clark, D. P. (2008). Brock Biology of microorganisms 12th edition. *International Microbiology*, *11*, 65-73.

Mak, S., Xu, Y., & Nodwell, J. R. (2014). A expressão de genes de resistência aos antibióticos em bactérias produtoras de antibióticos. *Microbiologia molecular*, *93*(3), 391-402.

Rudd, B. A., & Hopwood, D. A . (1980). Um antibiótico micelial pigmentado em Streptomyces coelicolor: controlo por um agregado genético cromossómico. *Microbiologia*, *119*(2), 333-340.

Sharma, P. K., & Chand, D. (2012). Purificação e Caracterização da Xilanase Termoestável Sem Celulase de Pseudomonas sp. XPB-6.

Solanki, R., Khanna, M., & Lal, R. (2008). Compostos bioactivos de actinomicetos marinhos. *Revista indiana de microbiologia*, *48*(4), 410-431.

Ventura, M., Canchaya, C., Tauch, A., Chandra, G., Fitzgerald, G. F., Chater, K. F., & Sinderen, D. (2007). Genomics of Actinobacteria: traçar a história evolutiva de um filo antigo. *Microbiology and Molecular Biology Reviews*, *71*(3), 495-548.

Weber, T., Charusanti, P., Musiol-Kroll, E. M., Jiang, X., Tong, Y., Kim, H. U., & Lee, S. Y. (2015). Engenharia metabólica de fábricas de antibióticos: novas ferramentas para a produção de antibióticos em actinomicetos. *Tendências em biotecnologia*, *33*(1), 15-26.

Wentzel, A., Bruheim, P., Øverby, A., Jakobsen, Ø. M., Sletta, H., Omara, W. A. & Ellingsen, T. E. (2012). Estratégia optimizada de fermentação em lote submerso para estudos à escala de sistemas de comutação metabólica em Streptomyces coelicolor A3 (2). *Biologia de sistemas BMC*, *6*(1), 59.

Zhu, H., Sandiford, S. K., & van Wezel, G. P. (2014). Gatilhos e sinais que activam a produção de antibióticos por actinomicetos. *Journal of industrial microbiology & biotechnology*, *41*(2),*371-386.

Cultivo versus a abordagem 'ómica' para a bioprospecção microbiana no século XXI: O ambiente costeiro na Malásia

Suhaila Mohd Omar [1*]

[1]Dept. de Biotecnologia, Kulliyyah da Ciência, Universidade Islâmica Internacional da Malásia
*Autor correspondente: osuhaila@iium.edu.my

ABSTRACT

O ambiente costeiro é o habitat de diversos microrganismos marinhos funcionalmente importantes. Entre as valiosas características dos microrganismos para estudos de bioprospecção não se limitam a tolerantes a flutuações rápidas e repetidas de temperatura, luz solar, salinidade, acção das ondas, radiação ultravioleta, e períodos de seca. Por outro lado, os microrganismos que vivem os estilos de vida epífitos, epibióticos e simbióticos produzem toxinas específicas, moléculas de sinalização, e outros metabolitos secundários devido ao seu mecanismo de defesa e sinalização. O método de cultivo tradicional e inovador ainda é relevante nos estudos de bioprospecção, enquanto as abordagens 'ómicas' oferecem uma extensa porta de entrada para a diversidade e função dos microrganismos. Por conseguinte, esta visão mineira centra-se nos desafios, estratégias e no sucesso dos estudos de bioprospecção microbiana no contexto do ambiente costeiro da Malásia através do cultivo e da abordagem 'ómica'.

Palavras-chave: Ómicos; micróbios; simbionte; cultura de micróbios

INTRODUÇÃO

A linha costeira total de 4.800 km da Malásia compreende duas formações físicas distintas, incluindo mangais e praias arenosas que albergam uma biodiversidade distinta, única e espectacular ((MYBIS, 2015). As formações arenosas rectas são predominantes na costa nordeste da Malásia peninsular, enquanto o sul compreende uma série de baías em forma de gancho ou de espiral. Entretanto, a costa ocidental da Península tem áreas limitadas de praias arenosas de bolso e a maior parte é constituída por formações lamacentas. A linha costeira em Sarawak e Sabah compreende praias arenosas e costa lamacenta quase igualmente divididas (Abdullah, 1993). O relatório mais antigo sobre diversidade marinha datado de 1849 inclui o catálogo da diversidade de peixes (Cantor, 1849). Em comparação com peixes, répteis, mamíferos, invertebrados, pepinos do mar (Holothuroid) e ervas marinhas, os relatos detalhados sobre outros organismos marinhos, especialmente microrganismos, ainda são insuficientes (Mazlan et al., 2005). Além disso, o conhecido Triângulo de Coral, que inclui os recifes da Indonésia, Filipinas e Malásia, constituiu 76% de todas as espécies de coral conhecidas e acolhe 37% de todas as espécies de peixes de recife de coral conhecidas em todo o mundo (Burke, 2011). A biodiversidade excepcional dos habitats marinhos oferece uma oportunidade valiosa para a bioprospecção. Esta visão mineira destaca a biodiversidade microbiana marinha costeira da Malásia e os estudos de bioprospecção através do cultivo e da abordagem 'ómica'.

O ambiente costeiro como habitat de microrganismos marinhos funcionalmente importantes

A bioprospecção é uma exploração orientada e sistemática de componentes, compostos bioactivos ou genes dentro dos organismos vivos. Pode incluir todos os tipos de organismos; microrganismos como bactérias, fungos e vírus e organismos maiores como plantas marinhas, moluscos e peixes (Ministério das Pescas e Assuntos Costeiros, 2009; Mossop, 2015). O ambiente marinho cobre mais de 70% da superfície da Terra e contém 97,5% da água do nosso planeta. Os microrganismos representam a maioria da rica e diversificada vida do habitat marinho. Entre os factores ambientais que distinguem a composição da comunidade microbiana marinha em relação ao ambiente terrestre está a salinidade (Vogel et al., 2020). As complexas comunidades microbianas costeiras desempenham também papéis importantes na regulação do ciclo biogeoquímico na interface terra-mar, incluindo assim todos os domínios da vida e formando uma rede que liga a coluna de água e o sedimento (Fuhrman et al., 2015; Moulton et al., 2016). Os microrganismos das zonas intertidais devem ser capazes de lutar nas condições extremas, tais como flutuações rápidas e repetidas de temperatura, luz solar, salinidade, acção das ondas, radiação ultravioleta e períodos de seca (McKew et al., 2011).

De uma perspectiva biotecnológica, o grupo de microrganismos que vivem sob estilos de vida epífitos, epibióticos e simbióticos são também incomparáveis devido às suas estratégias específicas de competição e defesa características dos microrganismos associados à superfície, tais como a produção de toxinas, moléculas de sinalização e outros metabolitos secundários (Gonzalez et al., 2016). Esponjas e corais são exemplos de habitats onde associações simbióticas de microrganismos podem ser encontradas em esponjas e corais, bem como com invertebrados marinhos (Amelia et al., 2020; Hanani et al., 2015). O produto final das actividades de bioprospecção pode ser uma molécula purificada que é produzida biológica ou sinteticamente ou o organismo inteiro. Embora a bioprospecção marinha não seja uma indústria no sentido tradicional, o potencial para adquirir novos compostos para utilização em muitas indústrias diferentes é a interessante força motriz. Ao longo dos anos, foram desenvolvidas e utilizadas abordagens novas e mais complexas para estudar a biodiversidade microbiana marinha e o seu potencial biotecnológico.

Métodos para explorar a biodiversidade microbiana marinha e a sua potencial aplicação:
Abordagem de cultivo A baixa cultivabilidade dos micróbios marinhos é bem conhecida e referida como a "grande anomalia de contagem de placas" (Staley & Konopka, 1 9 8 5) devido à diferença entre o número de colónias q u e se desenvolveram em meio laboratorial e o número total de bactérias que poderiam ser contadas por microscopia de epifluorescência de amostras manchadas com DAPO potencial metabólico dos micróbios no laboratório ou na função do ecossistema só pode ser corroborado através de estudos de organismos cultivados (Prakash et al., 2013). Portanto, o isolamento, caracterização e preservação de micróbios novos são um requisito para o crescimento futuro da bioprospecção a partir do ambiente marinho. O quadro 1 ilustra uma lista de alguns dos micróbios cultivados de diferentes ambientes costeiros da Malásia durante os últimos 20 anos e a sua potencial aplicação. *Alfaproteobactérias* e *Gammaproteobactérias* dominaram a colecção de culturas. Alguns dos investigadores utilizam metade da força da composição comum do ágar marinho como esforço para aumentar o isolamento de uma nova estirpe (Kuek et al., 2016). A diversidade da fórmula média utilizada para o cultivo (Law et al., 2019), bem como o pré-tratamento com calor húmido e seco também aumentam a recuperação de Actinomycetes novos (Abdul Malek et al., 2015). As bactérias pertencentes ao género *Streptomyces* têm sido reconhecidas como produtoras de muitos compostos bioactivos, o que as torna microrganismos importantes para metabolitos secundários com potencial anticancerígeno, papéis antimicrobianos devido às suas propriedades citotóxicas (Law et al., 2019). A aplicação potencial dos isolados varia desde a descoberta de enzimas (Cheng et al., 2020; Dinesh et al., 2017; Naresh et al., 2019; Omar et al., 2017; Yasim, 2018), biorremediação (Hanani et al., 2015; Kuek et al., 2016), antibacteriana e antifúngica (Zainal Abidin et al., 2016). A prevalência de bactérias resistentes aos antibióticos e o seu elevado impacto sobre a saúde humana exigem a necessidade de procurar novos produtos naturais que possam, portanto, remediar este problema, especialmente do ambiente marinho (Jalal et al., 2012). A maioria dos isolados foi recuperada através da modificação da técnica de revestimento padrão que pode recuperar uma proporção muito pequena, 0,001-1% do conjunto total (Staley & Konopka, 1985). O cultivo seguido de um rastreio de alto rendimento para funções específicas é outra estratégia para os investigadores com instalações avançadas para aumentar os resultados positivos (Law et al., 2019).

Quadro 1: Bioprospecção Microbiana Seleccionada via Abordagem de Cultivo no Ambiente Costeiro, Malásia (2000-2020)

Não.	Local de Amostragem	Estirpes microbianas	Aplicação Potencial	Ref
1	Marinha recursos (caranguejo ferradura de Sabah, medusas de Sarawak, moluscos e sedimentos marinhos de	*Bacillus, Chryseomicrobium, Photobacterium, Pseudoalteromonas, Ruegeria, Shewanella,*	Enzima: amilase, lipase e protease	(Cheng et al., 2020)
	Kelantanand água marinha de Terengganu)	*Solibacillus, Tenacibaculum e Vibrio.*		
2	Mangrove floresta Tanjung solo Pahang , Lumpur,	*Verrucosispora* sp. K2-04	Enzima: xilanase	(Omar et al., 2017)
3	Estuarino sedimento de manguezais de Matang Floresta de Manguezal	*Mangrovimonas xylaniphaga sp.* nov.	Enzima: Xilanase	(Dinesh et al., 2017)
4	Mangueza raízes l recolheu inTanjung Piai, Johor	*Exiguobacterium* sp. CN10	Enzymefor degradação da biomassa lignocelulósica	(Yasim, 2018)
5	Solo mangue dos estados do norte da Malásia (Perlis, Kedah, Pulau Pinang e Perak).	*Bacillus subtilis* KB01; *Anoxybacillus* sp. UniMAP-KB02, KB03, KB04 KB05, KB06; *Paenibacillus dendritiformis* UniMAP-KB01	Celulase termófila	(Naresh et al., 2019)
6	Mar do Sul da China e ao longo da linha costeira da Malásia Peninsular e Bornéu	*Alfaproteobactérias: Caulobacteraceae, Phyllobacteriaceae, Rhodobacteraceae e Rhodospirillaceae,* *Betaproteobactérias: Alcaligenes sp.* *Gama-proteobactérias: Aeromonadaceae, Pseudoalteromonadaceae, Shewanellaceae, Pseudomonadaceae e Vibronaceae*	Biorremediação, redução de sulfato e fixador de azoto	(Kuek et al., 2016)

7	Pulau Kapas Beach e Pantai Batu Burok, Terengganu.	NA	Actividades antibacterianas	(Mazalan et al., 2012)
8	Mangrovesoil em Kuching, Sarawak	*Streptomyces* sp.	Potenciais bioactivos - em relação a actividades antioxidantes e citotóxicas	(Law et al., 2019)
9	Mangrove floresta Tanjung solo Pahang , Lumpur,	*Streptomycesmangrovisoli* sp. nov	Antioxidante identificado como Pyrrolo [1,2-a]pirazina-1,4-dione,hexa-hidro	(Ser et al., 2015)
10	Solo de manguezal, Tanjung Lumpur, Pahang	*Tipo Streptomyces* e isolados *como Micromonospora*	Antibacteriano e antifúngicas	(Zainal Abidin et al., 2016)
11	Marinha esponj a (*Gelliodes* sp.) recolhida na zona costeira de Kuantan	*Bacillus* sp.	Biorremediação - ácido haloalcanóico (3-cloropropiónico acti vidades de decomposição ácida (3CP)-degrading	(Hanani et al., 2015)
12	Sedimento marinho da Ilha Songsong, Kedah, Malásia.	18 *Streptomyces* isola	Anti-infecciosos	(Fatin et al., 2017)

Abordagem ómicas e meta-ómicas

Os avanços inovadores na sequenciação do genoma, bioinformática e ferramentas analíticas como a cromatografia líquida e gasosa e a espectrometria de massa, juntamente com tecnologias de alto rendimento, promoveram os avanços nas tecnologias "ómicas" (genómica, transcriptómica, proteómica, e metabolómica). Em comparação com a genómica que estuda isolados específicos, a metagenómica é uma técnica que envolve a sequenciação do ADN dos genomas de todos os organismos presentes numa determinada amostra e tornou-se um método comum para o estudo da estrutura e função da população microbiana. Através desta abordagem, podem ser determinados os genes e vias de todo o microbioma. Os métodos metagenómicos podem ser classificados com base na sequenciação de metagenomas e análise bioinformática ou expressão funcional de bibliotecas metagenómicas para identificar genes ou grupos de genes de interesse. Uma vez que não há necessidade de isolar ou cultivar os microrganismos, o ADN directamente extraído fornece informação sobre a capacidade metabólica e funcional de uma comunidade microbiana específica cultivável e não cultivável (Simon & Daniel, 2011). A metagenómica anda de mãos dadas com a próxima geração de sequenciação e supercomputação de alto desempenho, permitindo assim um amplo acesso à diversidade e função dos microrganismos (Knight et al., 2012). Por outro lado, a metatranscriptómica ajuda a explicar que vias metabólicas e genes são expressos num determinado lugar e num determinado momento. Tanto as bibliotecas de ADN genómico como as bibliotecas totais de ARN podem ser preparadas e sequenciadas em paralelo, seguindo um protocolo adequado de manipulação de amostras e extracção de ácidos nucleicos (Mason et al., 2012). Outras duas abordagens, a metaproteómica é a quantificação dos níveis de proteínas ou peptídeos, enquanto que a metabolómica está relacionada com a investigação de metabolitos de pequenas moléculas. Entre as quatro, genómica e metagenómica são os métodos mais populares utilizados para estudar o microbioma costeiro na Malásia. Desde a altura em que foi escrito, não foi encontrado qualquer relatório sobre metaproteómica ou estudo metabólico baseado em metaproteómicos.

Abordagem genómica

O quadro 2 mostrou os exemplos da aplicação bem sucedida da genómica em vários isolados bacterianos para determinação de grupos de genes enzimáticos e metabolitos secundários. Estudo genómico da estirpe CCB-QB4 e *Aureispira* sp. CCB-QB1 do ambiente costeiro de Penang destacou a biossíntese do ácido araquidónico (Lau et al., 2019a) e as vias de biossíntese do ácido gordo polinsaturado e do ácido diterpenoide (Furusawa et al., 2015) respectivamente. Outras duas estirpes de Hulu Selangor, *Vibrio variabilis* estirpe T01 (Mohamad et al., 2016) e *Vibrio sinaloensis* T47 (Mohamad et al., 2017) revelam as propriedades de detecção do quorum. Entretanto, *Streptomyces* sp. MUSC 125 e *Yangia* sp. estirpe CCB-MM3 de ambiente de manguezais foram confirmadas com caminho e genes relacionados com a produção de copolímeros antioxidantes (Ser et al., 2016) e poli-hidroxialcanoatos (Lau et al., 2017), respectivamente. A extracção de dados das sequências genómicas das seis bactérias pertencentes ao género *Novosphingobium* da base de dados do Centro Nacional de Informação Bioinformática (NCBI) também fornece informações úteis sobre genes relacionados com adaptação marinha, sinalização celular e biorremediação (Gan et al., 2013).

Quadro 2: Bioprospecção Microbiana Seleccionada através da Abordagem Genómica no Ambiente Costeiro, Malásia (2000-2020)

Não	Local de amostragem	Estirpe microbiana	Potencial aplicação	Ref.
1.	Área costeira de Penang	Estirpe *catenovulum* tipo CCB-QB4	Agarase	(Lauet al., 2019b)
2.	Área costeira de Penang	*Aureispira* sp. CCB-QB1	Linoleoyl-CoA desaturase, o gene chave na biossíntese do ácido araquidónico.	(Furusawa et al., 2015)
3.	Águas costeiras em Hulu Selangor	*Vibrio variabilis* estirpe T01	Detecção do quorum	(Mohamad et al., 2016)
4.	Morib Beach, Hulu Selangor.	*Vibrio sinaloensis* T47	Detecção do quorum	(Mohamad et al., 2017)
5.	Solo de mangue na costa oriental da Malásia peninsular	*Streptomyces* sp. MUSC 125	Propriedades antioxidantes	(Seret al., 2016)
6.	Sedimento do solo na reserva florestal estuarina do Mangue Matang	*Yangia* sp. estirpe CCB- MM3	Caminho para a produção de propionil-CoA e cluster de genes para a produção de PHA	(Lauet al., 2017)
7.	Base de dados NCBI	seis bactérias pertencentes ao género *Novosphingobium*	Adaptação marinha, sinalização celular e biorremediação	(Ganet al., 2013)

Abordagem metagenómica

A capacidade de traçar o perfil de diversas comunidades microbianas usando sequenciação de próxima geração (NGS) fomentou o interesse na investigação microbiológica. Através desta tecnologia sem cultura e de alto rendimento, a identificação e comparação de comunidades microbianas inteiras, também conhecidas como metagenómicas, pode ser realizada. A metagenómica engloba tipicamente duas estratégias particulares de sequenciação: sequenciação amplicon, a maioria das vezes do gene 16S rRNA como marcador filogenético; ou sequenciação shotgun, que captura a amplitude completa do ADN dentro de uma amostra (Morgan & Huttenhower, 2012).

Há um relatório limitado de estudo da abordagem 'ómica' no microbioma costeiro da Malásia. Como se mostra no Quadro 3, a maioria dos estudos limitou-se à análise bioinformática da sequenciação amplicon do 16S rRNA e dos dados da sequenciação metagenómica da caçadeira. Ambas as estratégias de sequenciação têm a sua vantagem e aplicação. A utilização do gene 16S ribosomal RNA como marcador filogenético provou ser uma estratégia eficiente e rentável para a análise microbiológica e permite mesmo a previsão do conteúdo funcional com base na abundância de táxon. Em alternativa, os cientistas podem optar por uma abordagem experimental directa para desvendar a nova função bioquímica da proteína desconhecida, através do rastreio de proteínas purificadas ou bibliotecas de genes metagenómicos que utilizam *E. coli* (Lee et al., 2015) ou lambda phage como hospedeiro de clonagem (Popovic et al., 2017). Por exemplo, a abundância de bactérias de decomposição de enxofre numa comunidade bacteriana bentónica de sedimentos marinhos pouco profundos ao largo da costa de Terengganu, no Mar do Sul da China, foi detectada através desta estratégia. A análise físico-geoquímica revelou que as áreas pesquisadas continham enxofre, petróleo, graxa, gasolina, gasóleo, e

óleo mineral, o que sugere o efeito do estado do ambiente para a prevalência de crescimento de bactérias degradantes do enxofre na área nordeste da área pesquisada (Marziah et al., 2016). Contudo, existe uma questão sobre a vulnerabilidade deste protocolo a enviesamentos através de erros de preparação de amostras e de sequenciação. Além disso, 16S rRNA gene amplicon sequencing é tipicamente limitado à classificação taxonómica ao nível do género, dependendo da base de dados e dos classificadores utilizados e fornece apenas informação funcional limitada (Morgan & Huttenhower, 2012). Por outro lado, a metagenómica de shotgun oferece tanto estudos filogenéticos como a composição genética funcional de comunidades microbianas (Thomas et al., 2012). No metagenoma Matang Mangrove Forest da Zona Produtiva, a comunidade microbiana era superabundante em genes relacionados com o metabolismo dos hidratos de carbono, especialmente enzimas envolvidas na degradação e utilização de polissacáridos das paredes das células vegetais. A análise funcional centrada nas enzimas degradantes dos hidratos de carbono revelou uma série de enzimas envolvidas nas enzimas de utilização da hemicelulose, celulose e pectina (Priya et al., 2018). O lado negativo da metagenómica da espingarda que limitou a sua utilização mais ampla é o seu custo relativamente elevado e os requisitos bioinformáticos mais exigentes (Morgan & Huttenhower, 2012; Rausch et al., 2019).

Para além de confiar no conhecimento anterior da sequência para identificação, a metagenómica baseada na sequência permite a identificação de um grande número de genes que codificam funções putativas sem garantia de que os genes serão expressos com sucesso no hospedeiro heterólogo. Por outro lado, embora o rastreio funcional das bibliotecas de metagenómica possa oferecer descobertas inovadoras, o custo relativamente elevado dos kits moleculares importados e dos vectores de clonagem, resultados laboriosos e potencialmente baixos no processo de rastreio (Kennedy et al., 2008), pode ser a razão pela qual esta abordagem não é suficientemente atractiva para os investigadores locais.

34

Quadro 3: Estudo Metagenómico Seleccionado na Malásia (2000-2020)

Não	Local de Amostragem	Abordagem/plataforma de sequenciação	Ref.
1.	Ao longo da costa de Bornéu, Malásia, e Filipinas	Sequenciação metagenómica de Shotgun/Illumina HiSeq2000	(Song et al., 2017)
2.	Superfície de água do mar da Costa de Georgetown	Shotgun sequenciaçã o/ (Miseq) Ilumina	(Arumugamet al., 2013)
3.	A água do mar na superfície da zona litoral foi recolhida num estuário em Sabak Bernam, e numa aldeia piscatória em Sekinchan, Selangor	16srNA sequenciação de amplicon genético	(Chan & Chong, 2014)
4.	Sedimentos ao largo da costa de Terengganu no Mar do Sul da China	16s rRNA amplicon sequencing (Illumina) Miseq	(Marziah et al., 2016)
5.	Solo da Floresta da Selva Virgem e da Zona Produtiva Explorada da Reserva Florestal do Mangue Matang	Metagenómica de caçadeira/lumina HiSeq2500	(Priya et al., 2018)
6.	Água do Mar do Sul da China Continuação do Mar (o rio Rajang e os estuários levam ao mar)	16s rRNA amplicon sequencing/ Illumina	(Sien Aun Sia et al., 2019)
7.	Esponjas (*Aaptos aaptos* e *Xestospongia muta*) das ilhas Bidong e Redang.	16S rRNA amplicon sequencing/ Illumina HiSeq2500	(Amelia et al., 2020)

CONCLUSÃO

É importante salientar que uma sequência genética de 16S rRNA por si só provavelmente não é suficiente para identificar de forma única qualquer micróbio no ambiente. No entanto, os dados podem ser utilizados para desenvolver um meio e uma técnica de cultivo orientada e melhorada. Além disso, o desenvolvimento de vectores mais versáteis, engenharia de estirpes hospedeiras e ensaios de rastreio funcionais de alto rendimento e baratos poderiam melhorar a baixa taxa de acerto associada à metagenómica funcional. A combinação de cultivo, sequência e abordagem funcional, seguida de estudos bioquímicos e farmacêuticos, irá potencialmente desvendar vários componentes, compostos bioactivos ou genes da enorme maioria dos microrganismos não cultivados no ambiente.

REFERÊNCIAS

Abdul Malek, N., Zainuddin, Zarina, Chowdhury, A.J.K, Zainal Abidin, Z (2015). Diversidade e actividade antimicrobiana de actinomicetos de solo de mangue isolados de Tanjung Lumpur, Kuantan. *Jurnal Teknologi, 77* (25). , 0 pp. 37-43. ISSN 0127-969696

Abdullah, S. (1993). *Coastal Developments in Malaysia-Scope, Issues and Challenges.* https://www.water.gov.my/jps/resources/auto%20download%20images/5844e2da4907f.pdf

Amelia, T. S. M., Lau, N.-S., Amirul, A.-A. A., & Bhubalan, K. (2020). Dados metagenómicos sobre o perfil de diversidade bacteriana das esponjas marinhas tropicais de alta abundância de abóboras tropicais *Aaptos aaptos* e *Xestospongia muta* das águas ao largo de Terengganu, Mar do Sul da China. *Dados em resumo, 31*, 105971. https://doi.org/10.1016/j.dib.2020.105971

Arumugam, R., Chan, X.-Y., & Woh Choo, S. (2013). Análise metagenómica da diversidade microbiana de TropicalSeaWaterofGeorgetownCoast , Malásia. https://www.researchgate.net/publication/287558965

Burke, L. (2011). *Recifes em risco revisitados* (L. Burke, K. Reytar, M. Spalding, & A. Perry, Eds.). Instituto de Recursos Mundiais.

Cantor, T. (1849). *Catalouge of Malayan Fishes*.

Chan, K.-G., & Chong, T.-M. (2014). Prevalência de Bactérias Não Classificadas nas Águas Costeiras Tropicais da Malásia Reveladas pela Abordagem Metagenómica. *Anúncios do Genoma, 2*(3). https://doi.org/10.1128/genomeA.00419-14

Cheng, T. H., Ismail, N., Kamaruding, N., Saidin, J., & Danish-Daniel, M. (2020). Enzimas industriais - produzindo bactérias marinhas a partir de recursos marinhos. *Biotechnology Reports, 27*, e00482. https://doi.org/https://doi.org/10.1016/j.btre.2020.e00482

Dinesh, B., Furusawa, G., & Amirul, A. A. (2017). Mangrovimonas xylaniphaga sp. nov. isolado do sedimento de mangue estuarino de Matang Mangrove Forest, Malásia. *Archives of Microbiology, 199*(1), 63-67. https://doi.org/10.1007/s00203-016-1275-8

Fatin, S. N., Boon-Khai, T., Shu-Chien, A. C., Khairuddean, M., & Abdullah, A. A. A. (2017). Uma actinomiacete marinha resgata *Caenorhabditis elegans* da infecção por *Pseudomonas aeruginosa* através da restituição da lisozima 7. *Frontiers in Microbiology, 8*(NOV). https://doi.org/10.3389/fmicb.2017.02267

Fuhrman, J. A., Cram, J. A., & Needham, D. M. (2015). Dinâmica da comunidade microbiana marinha e a sua interpretação ecológica. *Nature Reviews Microbiologys, 13*(3), 133-146. https://doi.org/10.1038/nrmicro3417

Furusawa, G., Lau, N.-S., Shu-Chien, A. C., Jaya-Ram, A., & Amirul, A.-A. A. (2015). Identificação de vias de biossíntese de ácido gordo polinsaturado e diterpenoide a partir do genoma de *Aureispira* sp. CCB-QB1. *Genómica Marinha, 19*, 39-44. https://doi.org/https://doi.org/10.1016/j.margen.2014.10.006

Gan, H. M., Hudson, A. O., Rahman, A. Y. A., Chan, K. G., & Savka, M. A. (2013). Análise genómica comparativa de seis bactérias pertencentes ao género *Novosphingobium*: Perspectivas de adaptação marinha, sinalização celular e biorremediação. *BMC Genomics, 14*(1). https://doi.org/10.1186/1471-2164-14-431

Gonzalez NB, C., Toquica JS, R., Kleine L, L., & Castano D, M. (2016). Bactérias Epífitas de Macroalgas do Género *Ulva* e seu Potencial na Produção de Enzimas com Interesse Biotecnológico. *Journal of Marine Biology & Oceanography, 5(*2). https://doi.org/10.4172/2324-8661.1000153

Hanani, N. S., Naim, A. M., Tengku Abdul Hamid, T. H., Huyop, F., & Abdul Hamid, A. A. (2015). Isolamento e identificação de 3 Bactérias degradantes do ácido coropropiónico a partir de esponjas marinhas (Vol. 77). www.jurnalteknologi.utm.my

Jalal, K. C. A., Akbar, B. John, Kamaruzzaman, B. Y., & Kathiresan, K. (2012). *Emergence of Antibiotic Resistant Bacteria from Coastal Environment - A Review. in Antibiotic Resistant Bacteria-A Continuous Challenge in the New Millennium*. InTech.

Kennedy, J., Marchesi, J. R., & Dobson, A. D. (2008). Metagenómica marinha: estratégias para a descoberta de novas enzimas com aplicações biotecnológicas de ambientes marinhos. *Microbial Cell Factories, 7*(1), 27. https://doi.org/10.1186/1475-2859-7-27

Knight, R., Jansson, J., Field, D., Fierer, N., Desai, N., Fuhrman, J. A., Hugenholtz, P., van der Lelie, D., Meyer, F., Stevens, R., Bailey, M. J., Gordon, J. I., Kowalchuk, G. A., & Gilbert, J. A. (2012). Libertar o potencial da metagenómica através da replicação do desenho experimental. *Nature Biotechnology, 30*(6), 513-520. https://doi.org/10.1038/nbt.2235

Kuek, F. W., Mujahid, A., Lim, P.-T., Leaw, C.-P., & Mueller, M. (2016). Diversidade e genes relacionados com DMS (P)em comunidades bacterianas cultiváveis em águas costeiras da Malásia. *Sains Malaysiana*, *45*(6), 915- 931.

Lau, N.-S., Sam, K.-K., & Amirul, A. A.-A. (2017). Características genómicas de Yangia sp. CCB-MM3 moderadamente halofílica produtora de poli-hidroxialcanoato. *Normas em Ciências Genómicas*, *12*(1), 12. https://doi.org/10.1186/s40793-017-0232-8

Lau, N.-S., Tan, W. R., Furusawa, G., & Amirul, A.-A. A. (2019a). Sequência completa do genoma da nova estirpe agarolítica tipo Catenovulum CCB-QB4. *Marine Genomics*, *43*, 50-53. https://doi.org/https://doi.org/10.1016/j.margen.2018.08.009

Lau, N.-S., Tan, W. R., Furusawa, G., & Amirul, A.-A. A. (2019b). Sequência completa do genoma da nova estirpe agarolítica tipo Catenovulum CCB-QB4. *Marine Genomics*, *43*, 50-53. https://doi.org/https://doi.org/10.1016/j.margen.2018.08.009

Law, J. W. F., Chan, K. G., He, Y. W., Khan, T. M., Ab Mutalib, N. S., Goh, B. H., & Lee, L. H. (2019). Diversidade de *Streptomyces* spp. de manguezais de Sarawak (Malásia) e rastreio das suas actividades antioxidantes e citotóxicas. *Relatórios científicos*, *9*(1). https://doi.org/10.1038/s41598-019- 51622-x

Lee, D. H., Choi, S. L., Rha, E., Kim, S. J., Yeom, S. J., Moon, J. H., & Lee, S. G. (2015). Um romance fosfatase alcalina psicrofílica a partir do metagenoma dos sedimentos planos da maré. BMC biotecnologia, 15(1), 1. https://doi.org/10.1186/s12896-015-0115-2

Marziah, Z., Mahdzir, A., Musa, Md. N., Jaafar, A. B., Azhim, A., & Hara, H. (2016). Abundância de bactérias degradantes em enxofre numa comunidade bacteriana bentónica de sedimentos marinhos pouco profundos ao largo da costa de Terengganu, no Mar do Sul da China. *MicrobiologyOpen*, *5*(6), 967-978. https://doi.org/10.1002/mbo3.380

Mason, O. U., Hazen, T. C., Borglin, S., Chain, P. S. G., Dubinsky, E. A., Fortney, J. L., Han, J., Holman, H.-Y. N., Hultman, J., Lamendella, R., Mackelprang, R., Malfatti, S., Tom, L. M., Tringe, S. G., Woyke, T., Zhou, J., Rubin, E. M., & Jansson, J. K. (2012). Metagenoma, metatranscriptoma e sequenciação de célula única revelam resposta microbiana ao derrame de petróleo da Deepwater Horizon. *The ISME Journal*, *6*(9), 1715-1727. https://doi.org/10.1038/ismej.2012.59

Mazalan, N., Zain, M. M. M., & Hamzah, A. S. (2012). Actividade antimicrobiana de bactérias marinhas da zona costeira malaia. *2012 IEEE Symposium on Humanities, Science and Engineering Research*, 1273-1277. https://doi.org/10.1109/SHUSER.2012.6268808

Mazlan, A. G., Zaidi, C. C., Wan-Lotfi, W. M., & Othman, H. R. (2005). Sobre o estado actual da biodiversidade marinha costeira na Malásia. In *Indian Journal of Marine Sciences* (Vol. 34, Número 1).

McKew, B. A., Taylor, J. D., McGenity, T. J., & Underwood, G. J. C. (2011). Resistência e resiliência de comunidades de biofilme bentónico desde um salmo temperado até à dessecação e re-humidificação. *The ISME Journal*, *5*(1), 30-41. https://doi.org/10.1038/ismej.2010.91

Ministério das Pescas e Assuntos Costeiros, (Noruega). (2009). *Bioprospecção marinha - uma fonte de crescimento de riqueza nova e sustentável*. https://www.regjeringen.no/en/dokumenter/marine-bioprospecting--a- source-of-new-a/id575822/

Mohamad, N. I., Adrian, T. G. S., Tan, W. S., Muhamad Yunos, N. Y., Tan, P. W., Yin, W. F., & Chan, K.
G. (2016). *Vibrio variabilis* T01: Uma bactéria marinha tropical que exibe uma produção única de N-acetil homossexerina . *FrontiersinLifeScience*, *9*(1), 17-23. https://doi.org/10.1080/21553769.2015.1066716

Mohamad, N. I., How, K. Y., Yin, W.-F., & Chan, K.-G. (2017). Sequenciação de *Vibrio sinaloensis* T47, um Isolado Marinho Tropical com Propriedades Sensoriais de Quorum. *Journal of Genomics*, *5*, 48-50. https://doi.org/10.7150/jgen.16163

Morgan, X. C., & Huttenhower, C. (2012). Capítulo 12: Análise de Microbiomas Humanos. *PLoS Computational Biology*, *8*(12), e1002808. https://doi.org/10.1371/journal.pcbi.1002808

Mossop, J. (2015). *"Marine Bioprospecting" in The Oxford Handbook of the Law of the Sea* (D. Rothwell, A. O. Elferink, K. Scott, & Stephens Tim, Eds.). Oxford University Press.

Moulton, O. M., Altabet, M. A., Beman, J. M., Deegan, L. A., Lloret, J., Lyons, M. K., Nelson, J. A., & Pfister, C. A. (2016). Associações microbianas com macrobiota nos ecossistemas costeiros: padrões e implicações para o ciclo do azoto. *Frontiers in Ecology and the Environment*, *14*(4), 200-208. https://doi.org/10.1002/fee.1262

MYBIS, M. B. I. S. (2015). *Biodiversidade marinha e costeira*. https://www.mybis.gov.my/art/6

Naresh, S., Kunasundari, B., Gunny, A. A. N., Teoh, Y. P., Shuit, S. H., Ng, Q. H., & Hoo, P. Y. (2019). Isolamento e caracterização parcial de bactérias celulolíticas termofílicas do solo de mangue tropical do norte da Malásia. *Tropical Life Sciences Research*, *30*(1), 123-147. https://doi.org/10.21315/tlsr2019.30.1.8

Omar, S. M., Farouk, N. M., Malek, N. A., & Abidin, Z. A. Z. (2017). *Verrucosispora* sp. K2-04, Potential Xylanase Producer from Kuantan Mangrove Forest Sediment. *International Journal of Food Engineering*. https://doi.org/10.18178/ijfe.3.2.165-168

Popovic, A., Hai, T., Tchigvintsev, A. et al. (2017). O rastreio da actividade das bibliotecas metagenómicas ambientais revela novas famílias de carboxilesterase. Rep. Sci 7, 44103

Prakash, O., Shouche, Y., Jangid, K., & Kostka, J. E. (2013). O cultivo microbiano e o papel dos centros de recursos microbianos na era ómica. *Microbiologia Aplicada e Biotecnologia*, *97*(1), 51-62. https://doi.org/10.1007/s00253-012-4533-y

Priya, G., Lau, N.-S., Furusawa, G., Dinesh, B., Foong, S. Y., & Amirul, A.-A. A. (2018). Perspectivas metagenómicas sobre os perfis filogenéticos e funcionais do microbioma do solo de um mangue gerido na Malásia. *Agri Gene*, *9*, 5-15. https://doi.org/10.1016/j.aggene.2018.07.001

Rausch, P., Rühlemann, M., Hermes, B. M., Doms, S., Dagan, T., Dierking, K., Domin, H., Fraune, S., von Frieling, J., Hentschel, U., Heinsen, F. A., Höppner, M., Jahn, M. T., Jaspers, C., Kissoyan, K. A. B., Langfeldt, D., Rehman, A., Reusch, T. B. H., Roeder, T., ... Baines, J. F. (2019). A análise comparativa dos métodos de amplicon e de sequenciação metagenómica revela características chave na evolução dos metaorganismos animais. *Microbioma*, *7*(1). https://doi.org/10.1186/s40168-019-0743-1

Ser, H. L., Palanisamy, U. D., Yin, W. F., Abd Malek, S. N., Chan, K. G., Goh, B. H., & Lee, L. H. (2015). Presença de agente antioxidante, Pyrrolo[1,2-a] pirazina-1,4-diona, hexahidro- em *Streptomyces mangrovisoli* sp. nov. *Frontiers in Microbiology*, *6*(AUG). https://doi.org/10.3389/fmicb.2015.00854

Ser, H. L., Tan, W. S., Ab Mutalib, N. S., Yin, W. F., Chan, K. G., Goh, B. H., & Lee, L. H. (2016). Projecto de sequência genómica de *Streptomyces* sp. MUSC 125 derivada de mangrove com potencial antioxidante. *Frontiers in Microbiology*, *7*(SEP). https://doi.org/10.3389/fmicb.2016.01470

Sien Aun Sia, E., Zhu, Z., Zhang, J., Cheah, W., Jiang, S., Holt Jang, F., Mujahid, A., Shiah, F. K., & Müller, M. (2019). Distribuição biogeográfica das comunidades microbianas ao longo do Rajang iver... Continuum do Mar do Sul da China. *Biogeosciências*, *16*(21), 4243-4260. https://doi.org/10.5194/bg-16-4243- 2019

Simon, C., & Daniel, R. (2011). Análises metagenómicas: Tendências Passadas e Futuras. *Applied and Environmental Microbiology*, *77*(4), 1153-1161. https://doi.org/10.1128/AEM.02345-10

Song, J., Mujahid, A., Lim, P.-T., Samah, A. A., Quack, B., Pfeilsticker, K., Tang, S.-L., Ivanova, E., & Müller, M. (2017). Análise metagenómica das comunidades microbianas nas águas de superfície do Mar do Leste da China Meridional. *Malaysian Journal of Microbiology*, *13*(4), 350-362. http://metagenomics.anl.gov/

Staley, J. T., & Konopka, A. (1985). Measurement of in Situ Activities of Nonphotosynthetic Microorganisms in Aquatic and Terrestrial Habitats. *Annual Review of Microbiology*, *39*(1), 321-346. https://doi.org/10.1146/annurev.mi.39.100185.001541

Thomas, T., Gilbert, J., & Meyer, F. (2012). Metagenómica - um guia desde a amostragem até à análise de dados. *Microbial Informatics and Experimentation*, *2*(1), 3.

Vogel, M. A., Mason, O. U., & Miller, T. E. (2020). Anfitrião e determinantes ambientais da estrutura da comunidade microbiana na filosfera marinha. *PloS One*, *15*(7), e0235441. https://doi.org/10.1371/journal.pone.0235441

Yasim, N. H. M. (2018). Isolamento, identificação e caracterização de bactérias lignocelulósicas a partir de raízes de mangais.

Zainal Abidin, Z. A., Abdul Malek, N., Zainuddin, Z., & Chowdhury, A. J. K. (2016). Isolamento selectivo e actividade antagónica de actinomicetos de manguezais de Pahang, Malásia. *Frontiers in Life Science*, *9*(1), 24-31. https://doi.org/10.1080/21553769.2015.1051244

Aquacultura Multi-Trófica Integrada de Água Aberta (IMTA) no Ecossistema Costeiro: O Estado e Perspectivas na Malásia

Najiah, M. [1*], Lee, K. L. [1], Nadirah, M. [1], Jalal, K. C. A. [2], Laith, A. A. [1], Habib, A. [1], Sheikh, H.I. [1], N.W. Rasdi1, Zainathan, S.C. [1], Abu Hena, M. K. [1], Ruhil H. H. [3]

[1 Faculdade] de Pesca e Ciência Alimentar, Universiti Malaysia Terengganu (UMT), 21030 Kuala Nerus, Terengganu

[2 Kulliyyah] of Science, Universidade Islâmica Internacional da Malásia (IIUM), Jalan Sultan Ahmad Shah, Bandar Indera Mahkota, 25200 Kuantan, Pahang

Departamento 3D de Paraclinical, Faculdade de Medicina Veterinária, Universiti Malaysia Kelantan (UMK), Pengkalan Chepa, 16100 Kota Bharu, Kelantan

*Autor correspondente: najiah@umt.edu.my

ABSTRACT

Globalmente, o peixe é uma importante fonte de proteínas animais a preços acessíveis para os seres humanos. Em meio à crescente procura de marisco, a aquacultura desempenha um papel importante para colmatar o défice de oferta da pesca de captura estagnada para satisfazer as necessidades da crescente população. A cultura marinha em jaulas da Malásia está confinada a águas costeiras protegidas devido aos constrangimentos de baixos aportes tecnológicos. A cultura intensiva em jaulas mono-tróficas enfrenta cada vez mais a morte súbita e maciça de peixes devido à poluição costeira resultante de actividades antropogénicas terrestres e da própria operação de cultura em jaulas. A aquicultura multitrófica integrada (IMTA) combina o cultivo de diferentes espécies tróficas na proximidade para funções simbióticas e complementares, para promover a resiliência ecológica, harmonia e sustentabilidade, bem como para ajudar a reduzir as doenças. Apesar da sua infância, a IMTA tem boas perspectivas de bio-mitigar a poluição costeira, restaurando e preservando os ecossistemas costeiros vulneráveis da Malásia. Não existe um sistema IMTA de um tamanho para todos. Uma combinação óptima de espécies precisa de ser determinada empiricamente com base nos cenários económicos e ecológicos locais.

Palavras-chave: Cultura de Jaula Marinha, Autopoluição, Impactos Ambientais, Bio-mitigação, Sustentabilidade

INTRODUÇÃO

A população mundial actual de 7,7 mil milhões de habitantes deverá aumentar para 9,7 mil milhões até 2050 (Nações Unidas, Departamento de Assuntos Económicos e Sociais, Divisão da População, 2019). O aumento da população está a colocar uma enorme pressão e desafios à segurança alimentar e nutricional, com mais de 820 milhões de pessoas no mundo ainda a sofrer de fome. O peixe é uma importante fonte de proteínas animais a preços acessíveis para os seres humanos, atingindo 50% do consumo total ou mais em muitos países menos desenvolvidos, incluindo os da região asiática (FAO, 2020). Como a pesca global de captura estagna em volume e fica cada vez mais aquém da crescente procura mundial de marisco, a esperança está no crescimento contínuo da aquacultura para satisfazer a crescente procura (Figura 1). Dotada de uma longa linha costeira, a Malásia tem uma vasta frente costeira com potenciais águas abrigadas para o cultivo em jaulas marinhas. A cultura em jaulas costeiras é operada intensivamente quase inteiramente a um único nível trófico, onde diferentes monoespécies são cultivadas de forma independente em diferentes jaulas ou áreas. Esta prática trófica única, ao longo do tempo, levou à poluição e degradação do ambiente costeiro, resultando em episódios de morte súbita em massa de peixes cultivados. Esta revisão discutiu o estado da IMTA em águas abertas na Malásia, e as suas perspectivas de bio-mitigação da poluição costeira, restauração e preservação dos ecossistemas costeiros vulneráveis para o desenvolvimento sustentável da cultura em jaulas marinhas.

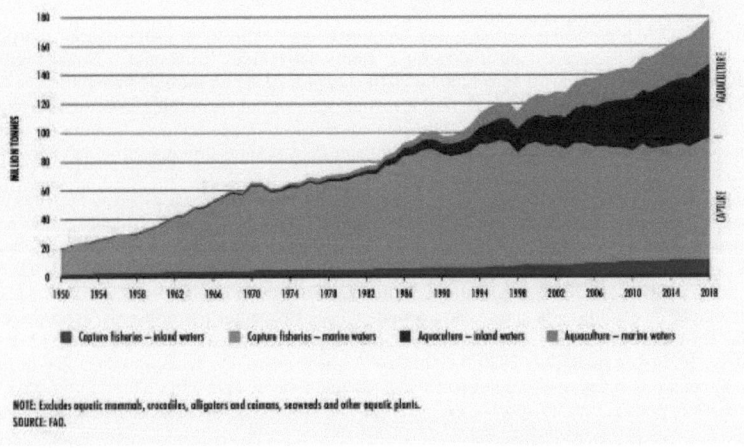

Fig. 1: Captura mundial da pesca e produção aquícola (FAO, 2020).

Cultura de gaiolas marinhas na Malásia

A cultura de gaiola foi criada comercialmente pela primeira vez nos anos 80 (Shariff e Gopinath, 2000). A tecnologia de baixo nível limitou a cultura em jaulas a regiões costeiras protegidas de fortes ondas, tais como áreas abrigadas por ilhas, lagoas e estuários. No norte, o estado de Penang tem 30.961 unidades de jaulas com uma área de 638.082 m^2, seguido por Perak (17.840 jaulas, 363.458,46 m^2) e Kedah (8.818 jaulas, 135.582,19 m^2). Na região central, Selangor tem 17.961 gaiolas com 313.972,95 m^2. No sul, Johore tem o maior número de gaiolas (8.856) com uma área de 624.270 m^2. Na costa oriental, a agricultura em jaulas está predominantemente localizada em Kelantan (5.622 jaulas, 57.283,88 m^2) e Terengganu (2.047 jaulas, 40.956,82 m^2). Na Malásia Oriental, Sabah e Sarawak têm 8.699 gaiolas (220.504 m^2) e 1.630 gaiolas (16.795 m^2), respectivamente (DOF, 2018). Na prática, a piscicultura em jaulas é quase exclusivamente monotrofista, cultivando peixes barbatanas como o robalo, garoupas e pargos, enquanto um número muito pequeno de piscicultores também está a fazer cultura em linha de espécies extractivas orgânicas, o que depende da disponibilidade de sementes naturais nas proximidades do local da jaula. A prática do single-trophic está cada vez mais a enfrentar duros desafios devido à morte súbita e maciça de peixes devido ao declínio da qualidade das águas costeiras.

Questões ambientais e de doenças na cultura de jaulas marinhas

A cultura marinha em jaulas pode ajudar a aliviar a pressão da pesca sobre os stocks de peixes selvagens, mas se não for gerida, pode de facto ser prejudicial para o ecossistema. A cultura intensiva em jaulas pode causar uma deterioração significativa da qualidade da água devido a resíduos de rações e insumos fecais. Estima-se que 52 - 95% de azoto (N) adicionado ao sistema de cultivo como alimento acabaria por poluir o ambiente (Handy e Poxton, 1993), devido ao desperdício, má absorção e retenção. A descarga orgânica da cultura em jaulas irá esgotar o oxigénio dissolvido (DO) na coluna de água através do processo de degradação microbiana (Hargrave et al., 1993). Além disso, a actividade de compostagem microbiana pode causar directamente uma elevada procura bioquímica de oxigénio (Suratman et al., 2009). Além disso, este processo também aumenta a produção de dióxido de carbono nos corpos de água devido à respiração, e conduz a baixos valores de pH. A auto-poluição da

41

agricultura em jaulas, se não for controlada, pode causar eutrofização de corpos de água e fundos marinhos, e induzir o crescimento excessivo de algas e plantas.

Além disso, o ecossistema costeiro está continuamente exposto à contaminação antropogénica resultante da urbanização, industrialização e outras actividades económicas. Numa vigilância da qualidade da água durante 10 anos (2003 a 2010 e 2014 a 2015) no local de maricultura na Lagoa de Setiu Wetland, Terengganu, Poh et al. (2019) revelou uma elevada concentração de fósforo relacionada com a plantação de palma de óleo, sólidos em suspensão elevada devido à limpeza de terrenos em grande escala, e enriquecimento de amónio resultante de descargas de aquacultura em terra.

A aquicultura e a poluição antropogénica estão continuamente a carregar as águas costeiras com uma elevada quantidade de resíduos orgânicos e inorgânicos. Tais substâncias residuais não só perturbam os peixes com DO esgotado, envenenamento por amoníaco e proliferação de algas nocivas, como também predispõem as espécies cultivadas a vários agentes de doença (Najiah et al., 2002; Najiah et al., 2008; Ariff et al., 2019). Na Malásia, as mortes súbitas e maciças de peixes relacionadas com a deterioração da qualidade da água estão a tornar-se mais frequentes nas principais áreas de cultivo em jaulas costeiras, incorrendo em perdas muito pesadas para os agricultores (Lim, 2019, 12 de Agosto; Audrey, 2020, 4 de Junho; Lo, 2020, 5 de Junho). A este respeito, são necessárias medidas de mitigação para remediar as águas ricas em nutrientes e evitar que estas se agravem de forma intolerável para os peixes. Isto, por sua vez, irá apoiar o desenvolvimento sustentável da aquacultura costeira.

Aquacultura multi-troférica integrada
A aquicultura multi-trófica integrada é a criação de espécies aquícolas de diferentes níveis da cadeia alimentar na proximidade para funções complementares do ecossistema, em que a alimentação não consumida e os resíduos de uma espécie são utilizados pelas espécies de outros níveis. Por exemplo, no ecossistema marinho, as espécies aquícolas alimentadas (p.ex. peixes finos) são integradas com espécies extractivas orgânicas (p.ex. alimentadores de suspensão e depósito) e espécies extractivas inorgânicas (p.ex. algas marinhas). A figura 2 mostra o desenho esquemático do sistema IMTA de águas abertas.

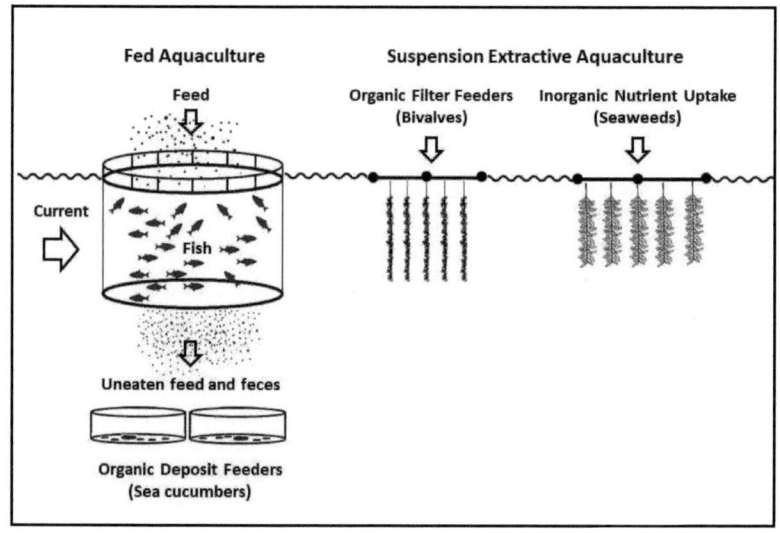

Fig. 2. Vista esquemática de um módulo IMTA de água aberta mostrando a integração de espécies aquícolas alimentadas (por exemplo peixes) com espécies extractivas orgânicas (por exemplo bivalves como alimentadores de filtros de suspensão e pepinos do mar como alimentadores de depósitos) e espécies extractivas inorgânicas (por exemplo algas marinhas). Os alimentadores de depósitos são cultivados por baixo das jaulas para limpar os alimentos não consumidos e as fezes dos peixes, enquanto que os alimentadores de filtros absorvem partículas orgânicas em suspensão, e as espécies extractivas inorgânicas eliminam nutrientes inorgânicos dissolvidos, tais como azoto e fósforo.

O sistema IMTA tem uma longa história na China envolvendo bivalves e algas marinhas. Tem sido praticado com sucesso em Sanggou Bay desde o final dos anos 80 (Fang et al., 1996), e é agora amplamente aplicado em muitas partes da China. A combinação abalone-kelp-marinho-pepino está entre os módulos de sucesso na prática. No Canadá, a investigação inicial da IMTA teve lugar em 2001 na Baía de Fundy, sobre a co-cultura de salmão (*Salmo salar*), algas (*Laminaria saccharina* e *Alaria esculenta*) e mexilhão azul (*Mytilus edulis*) (Chopin et al., 2007; Chopin e Robinson, 2004). O estudo mostrou um aumento do crescimento em algas e mexilhões em 46% e 50%, respectivamente, indicando um aumento na disponibilidade alimentar perto das explorações de salmão. Chopin et al. (2007) também mostraram que, com uma gestão adequada, os mexilhões e algas marinhas produzidos a partir da IMTA podem ser utilizados com segurança para consumo humano. Outros países que também têm vindo a explorar a IMTA são o Chile, África do Sul e Israel (Chopin et al., 2008; Barrington et al., 2009), e mais recentemente o Reino Unido (especialmente na Escócia), Irlanda, Espanha, Portugal, França, Turquia, Noruega, Japão, Coreia, Tailândia, o E.U.A. e México (Garcia, 2012)

A abordagem IMTA visa reduzir os impactos ambientais dos resíduos orgânicos e inorgânicos da aquacultura para que possa ser mais sustentável do ponto de vista ecológico (Lefebvre et al., 2000; Chopinetal., 2008; Troell et al., 2003; Neori et al., 2017). É considerada uma forma especializada da antiga prática da policultura que co-culturava várias espécies nos corpos de água, muitas vezes sem ter em conta o nível trófico. Do ponto de vista económico, IMTA é também uma forma de reduzir o risco económico, e de aumentar a competitividade através da diversificação das espécies (Barrington et al., 2009). Está a ganhar cada vez mais importância pela sua qualidade de rendimento e compatibilidade ambiental. A tabela 1 mostra alguns dos módulos experimentais da IMTA no Sudeste Asiático.

Tabela 1: Módulos IMTA experimentais em alguns países do Sudeste Asiático.

País	Combinação de espécies	Resultados	Referência
Baía de Gerupuk, Lombok Central, Indonésia,	Garoupa tigre (*Epinephelus fuscoguttatus*), companhia de prata (*Trachinotus blochii*) e algas marinhas (*Kappaphycus alvarezii*)	Bom desempenho de crescimento tanto na garoupa como na empresa, e aumento da produção de algas marinhas	Radiarta e Erlania, 2016
Baía de Gerupuk, Lombok Central, Indonésia,	(*Eucheuma cottonii* - lagosta - abalone); (*E. cottonii* - abalone - carpa vermelha); (*E. cottonii* - abalone - garoupa); (*E. cottonii* - abalone - pomfret)	*E. cottonii* - abalone - combinação de garoupas mostrou a maior produção de biomassa de *E. cottonii*	Sukiman et al., 2014.
Sul de Cebu, Filipinas	Orelha de burro abalone (*Haliotis asinine*) como espécie alimentada e algas (*Gracilaria heteroclada* e *Eucheuma denticulatum* como inorgânica espécies extractivas	A cultura Abalone não produziu uma grande quantidade de resíduos à escala da agricultura experimental. *Gracilaria* e *Eucheuma* crescem lado a lado com gaiolas de abalone feed-on-demand e biofiltros para resíduos inorgânicos	Largo et al., 2016
Guimaras, Filipinas	Cultura combinada de *chanos chanos* de peixe-leite, com pepino do mar *Holothuria scabra* e algas marinhas *Kappaphycus* sp.	Mitigou o impacto do excesso de nutrientes de alimentos não consumidos e fezes de peixe leiteiro, e obteve rendimentos adicionais de espécies não alimentadas	SEAFDEC, 2017
Província de Khánh Hòa, Vietname	Pepino do mar com caracóis de camarão ou de babylon	Cultura de baixo custo de pepino do mar melhorou a qualidade da água para o camarão ou caracóis de babylon	The Fish Site, 2019
Sabah, Malásia,	Lagosta espinhosa (*Panulirus ornatus*), pepino do mar (*Holothuria scabra*) e algas (*Kappaphycus alvarezii*) em sistema de recirculação e fluxo	Melhor eficácia da remediação da qualidade da água e crescimento do fluxo através do sistema	Sumbing et al., 2016

Estado e perspectivas da IMTA na Malásia

O conceito IMTA está actualmente a dar os seus primeiros passos na Malásia. Em Terengganu e Kelantan, dependendo da disponibilidade de sementes selvagens, algumas culturas em gaiolas praticam a cultura de ostras em linha de conta-gotas ao lado do robalo ou da garoupa para obter rendimentos adicionais e não da perspectiva ecológica. A este respeito, a educação e o apoio técnico em matéria de consciência ecológica ajudarão os agricultores a adoptar o módulo completo da IMTA. Abençoada com uma extensa linha costeira e numerosas ilhas, a Malásia tem vários habitats para uma boa variedade de algas marinhas com 35 espécies em 12 famílias de Cyanophyta; 113 espécies em 16 famílias de Chlorophyta; 95 espécies em 8 famílias de Ochrophyta; e 216 espécies em 36 famílias de Rhodophyta. Apesar de possuir ricos recursos de algas marinhas, até agora apenas *Kappaphycus alvarezii*, *Eucheuma denticulatum* e *Gracilaria manilaensis* são identificados como adequados para fins comerciais (Phang et al., 2019). As algas marinhas são agora mais amplamente cultivadas em Sabah com 9.835,30 Ha de áreas de cultivo, enquanto Kedah tem um cultivo em muito pequena escala de 0,68 Ha (DOF, 2018). Com o cultivo de algas muito estabelecido, e 220.504 m^2 (8.699 gaiolas) de cultivo em gaiolas, Sabah pode ter uma melhor oportunidade de implementar a IMTA em comparação com outros estados.

CONCLUSÃO

A cultura marinha em jaulas da Malásia encontra-se numa encruzilhada, uma vez que a poluição proveniente de actividades antropogénicas terrestres e a própria cultura em jaulas perturba continuamente a homeostase do ecossistema. Pode não demorar muito até que a morte maciça de peixes relacionada com a poluição se torne esmagadoramente pesada, e torne a operação de cultivo não comercialmente viável. Apesar da sua infância na Malásia, a IMTA tem boas perspectivas de bio-mitigação da poluição costeira, e de restaurar e preservar o vulnerável ecossistema costeiro. A natureza simbiótica e complementar da IMTA irá promover a resiliência ecológica, a harmonia e a sustentabilidade, bem como reduzir a probabilidade de doenças nas espécies cultivadas. No entanto, não existe um sistema IMTA de tamanho único para todos. É pouco provável que um módulo bem sucedido numa localidade se encaixe em todos os locais. A combinação óptima de espécies deve ser determinada empiricamente com base nos cenários económicos e ecológicos locais.

REFERÊNCIAS

Ariff, N., Abdullah, A., Azmai M.N.A., Musa N., & Zainathan, S.C. (2019). Factores de risco associados à necrose nervosa viral em garoupas híbridas na Malásia e a elevada semelhança do seu agente causador do vírus da necrose nervosa com o vírus da necrose nervosa da garoupa com manchas vermelhas/estirpes do vírus da necrose nervosa do macaco listrado. *Mundo Veterinário*, 12(8), 1273-1284.

Audrey, D. (2020, 4 de Junho). Não é necessário preocupar-se com as carcaças de peixe no mar. *Novos tempos do Estreito*. Obtido a partir de https://www.nst.com.my/news/nation/2020/06/597957/no-need-worry-about-fish-carcasses-sea.

Barrington, K., Chopin, T., & Robinson, S. (**2009**). Aquacultura multi-trófica integrada (IMTA) em águas marinhas temperadas. Em D. Soto (ed.). Maricultura integrada: uma revisão global. *Documento Técnico da FAO sobre Pescas e Aquicultura*. No. 529. Roma, FAO. pp. 7-46.

Chopin, T., & Robinson, S. (2004) Defining the appropriate regulatory and policy framework for the development of integrated multi-trophic aquaculture practices:introduction to the workshop and positioning of the issues. *Bull Aquacult Assoc. Can.*, 104, 4-10.

Chopin, T., Robinson, S., Page, F., Ridler, N., Sawhney, M., Szemerda, M., Sewuster, J., & Boyne-Travis, S. (2007). A aquicultura multi-trofista integrada que avança no Canadá. *The Canadian Aquaculture Research and Development Review*, p. 28.

Chopin, T., Robinson, S.M.C., Troell, M., Neori, A., Buschmann, A.H., & Fang, J. (2008). Integração Multitroférica para uma Aquacultura Marinha Sustentável. Em Sven Erik Jørgensen e Brian D. Fath (Editor- in-Chief), *Ecological Engineering*. Vol. [3] of *Encyclopedia of Ecology*, 5 vols. pp. 2463-2475. Oxford: Elsevier.

DOF. (2018). AnnualFisheriesStatistics . Obtido em https://www.dof.gov.my/dof2/ resources/user_29/Documents/Perangkaan%20Perikanan/2018%20Jilid%201/Table_akua_201 8_- new.pdf

Fang, J., Kuang, S., Sun, H., Li, F., Zhang, A., Wang, X., & Tang, T. (1996). Mariculture status and optimizing measurements for the culture of scallop *Chlamys farreri* and kelp *Laminaria japonica* in Sanggou Bay. *Mar Fish Res*, 17, 95-102.

FAO. (2020). O Estado das Pescas e Aquacultura Mundial 2020. A sustentabilidade em acção. Roma. https://doi.org/10.4060/ca9229en

Garcia, J. (2012). Alternativa sustentável para a diversificação de culturas e para a protecção da qualidade do ambiente marinho. Em Aquacultura Multi-troférica Integrada (IMTA): Uma alternativa sustentável e pioneira para as culturas marinhas na Galiza (ed. Guerrero, S. e Cremades, J.), pp. 9. Governo Regional da Galiza (Espanha), Conselho Regional do Centro de Investigação Marinha do Meio Rural e do Meio Marítimo Regional, Espanha. https://hal.archives-ouvertes.fr/h

Handy, R.D., & Poxton, M.G. (1993). Nitrogen pollution in mariculture: toxicity and excretion of nitrogenous compounds by marine fish. *Rev. Peixes. Biol. Fisheries*, 3, 205-241.

Hargrave, B.T., Duplisea, D.E., Pfeiffer, E., & Wildfish, D.J. (1993). Mudanças sazonais nos fluxos bentónicos de oxigénio dissolvido e amónio associados ao salmão do Atlântico de cultura marinha. *Marine Ecology Progress Series*, 96, 249-257.

Largo, D.B., Diola, A.G., & Marabababol, M.S. (2016). Desenvolvimento de um sistema integrado de aquicultura multi-troférica (IMTA) para espécies marinhas tropicais no Sul de Cebu, no centro das Filipinas. *Relatórios de Aquacultura*, 3, 67-76.

Lefebrve S., Barille', L., & Clerc, M. (2000). Pacific oyster (*Crassostrea gigas*) alimentando respostas a um efluente de uma piscicultura. *Aquacultura*, 187, 185-198.

Lim, C. (2019, 12 de Agosto). Os criadores de peixes voltaram a atingir gravemente os 50.000 peixes encontrados mortos em Teluk Bahang. *A Estrela*. Obtido no site https://www.thestar.com.my/news/nation/2019/08/ 12/fish-breeders-hit- badly-again-as-50-000-fishes-found-dead-in-teluk-bahang

Lo, T.C. (2020, 5 de Junho). Maré vermelha em direcção a Kedah. *A Estrela*. Obtido em https://www.thestar.com.my/news/nation/2020/06/05/killer-red-tide-heading-towards-kedah

Najiah, M., Lee, K.L., Hassan, M.D., Muhd-Azmi, M. L., & Shariff, M. (2002). Características morfológicas, bioquímicas e fisiológicas de *Vibrio parahemolyticus* isola em tanques de peixes e camarões doentes na Malásia. *Jurnal Veterinar Malaysia*, 14(1&2), 25-30.

Najiah, M., Nadirah, M., Lee, K. L., Lee, S.W., Wendy, W., Ruhil, H.H., & Nurul, F.A. (2008). Flora bacteriana e metais pesados em ostras cultivadas *Crassostrea iredalei* de Setiu Wetland, Costa Leste da Malásia Peninsular. *Comunicação de Investigação Veterinária*, 32, 377-381.

Neori, A., Shpigel, M., Guttman, L., & Israel, A. (2017). Desenvolvimento da policultura e da aquicultura trófica integrada (IMTA) em Israel: uma revisão. *The Israeli Journal of Aquaculture-Bamidgeh*, 69:1- 19.

Phang, S.M., Yeong, H.Y., & Lim, P.E. (2019). Os recursos de algas marinhas da Malásia. *Botanica Marina*, 62(3). https://doi.org/10.1515/bot-2018-0067

Poh, S. C., Ng, N.C.W., Suratman, S., Mathew, D., & Mohd Tahir, N. (2019). Disponibilidade de nutrientes na Lagoa de Setiu Wetland, Malásia: tendências, possíveis causas e impactos ambientais. *Monitorização e Avaliação Ambiental*, 191, 3. https://doi.org/10.1007/s10661-018-7128-y

Radiarta, N., & Erlania. (2016). Desempenho dos produtos da maricultura sob o sistema integrado de Aquacultura Multi-Trófica (IMTA) na Baía de Gerupuk, Lombok Central, Nusa Tenggara Ocidental. *Jurnal Riset Akuakultur*, 11 (1), 85-97.

SEAFDEC. (2017). Estado das Pescas e Aquacultura do Sudeste Asiático. Centro de Desenvolvimento das Pescas do Sudeste Asiático   ,   Banguecoque,   Tailândia. 167   pp.

http://repository.seafdec.org/bitstream/handle/20.500.12066/6204/6.5-Addressing-concerns-due-to- aquaculture-climate-change.pdf?sequence=1&isAllowed=y

Shariff, M., & Gopinath, N. (2000). Cage culture in Malaysia: an overview [Apresentação em papel]. Em *Cage Aquaculture in Asia*: Actas do Primeiro Simpósio Internacional de Aquacultura em Jaulas na Ásia (pp. 75-81). Asian Fisheries Society, Manila, and World Aquaculture Society -

46

Southeast Asian Chapter, Banguecoque.

Sukiman, Faturrahman, Rohyani I.S., & Ahyadi, H. (2014). Crescimento de algas *Eucheuma cottonii* em sistemas multi-trofológicos de agricultura marítima na Baía de Gerupuk, Lombok Central, Indonésia Nusantara. *Biociências*, 6, 82-85.

Sumbing, M.V., Al-Azad, S., Estim, A., & Mustafa, S. (2016). Desempenho de crescimento da lagosta espinhosa *Panulirus ornatus* no sistema de Aquacultura Multi-Trófica Integrada (IMTA) em terra. *Transacções em Ciência e Tecnologia*, 3(1-2), 143-149.

Suratman, S., Awang, M., Loh, A.L., & Mohd Tahir, N. (2009). Estudo do índice de qualidade da água na bacia do rio Paka, Terengganu (em Malaia). *Sains Malaysiana*, 38, 125-131.

O Sítio do Peixe. (2019). O Vietname promove o pepino do mar IMTA. Obtido em https://thefishsite.com/articles/vietnam-promotes-sea-cucumber-imta

Troell, M., Halling, C., Neori, A., Chopin, T., Buschman, A.H., Kautsky, N., & Yarish, C. (2003). A maricultura integrada: fazer as perguntas certas. *Aquacultura*, 226, 69-90.

Nações Unidas, Departamento de Assuntos Económicos e Sociais, Divisão da População. (2019). Perspectivas Populacionais Mundiais 2019: Destaques (ST/ESA/SER.A/423).

Propriedades antioxidantes de Nerita articulata do Mangue Estuarino Kuantan, Pahang Malásia

Deny Susanti1*, Mohd Faizol, A.L2

1Departamento de Química, Kulliyyah da Ciência, Universidade Islâmica Internacional da Malásia, 25200 Kuantan, Pahang, Malásia.

2Department of Biotechnology, Kulliyyah of Science, Universidade Islâmica Internacional da Malásia, 25200 Kuantan, Pahang, Malásia.

*Autor correspondente: deny@iium.edu.my,

ABSTRACT

Os moluscos são um dos principais macroinvertebrados que desempenham um papel ecológico significativo na dinâmica dos nutrientes no ecossistema dos mangais porque formam um elo essencial dentro da teia alimentar como predadores, herbívoros, detritívoros e alimentadores de filtros. São bioindicadores úteis da poluição ambiental, devido aos seus métodos de alimentação por filtragem. Com base nos contextos acima referidos, as propriedades antioxidantes das espécies de moluscos *Nerita articulata* foram investigadas num estuário de manguezal, Kuantan, Pahang em redor da costa oriental da Malásia. No presente estudo, foram realizados diferentes testes antioxidantes para avaliar as actividades antioxidantes da água, metanol e diclorometano: extractos de metanol de *N. articulata*. Os resultados foram comparados com alfa-tocoferol e ácido ascórbico, que são geralmente conhecidos como compostos antioxidantes. Foi também determinada a percentagem de actividades de limpeza e inibição da peroxidação lipídica para cada um dos extractos. Verificou-se que os extractos tinham diferentes níveis de propriedades antioxidantes nos modelos de teste utilizados. Todos os extractos tinham inibido fortemente a peroxidação lipídica e também tinham demonstrado baixas actividades de limpeza radical. Portanto, esta espécie podia ser considerada como uma fonte antioxidante significativa em termos de peroxidação lipídica. O estudo indica que estes extractos do molusco *N. articulata* têm boas actividades antioxidantes que podem ser aproveitadas como chumbo para potenciais compostos bioactivos.

Palavras-chave: *Nerita articulada*, Actividade antioxidante, Radicais livres, Actividade necrófaga, Peroxidação lipídica.

INTRODUÇÃO

Os produtos aquáticos marinhos ou naturais têm atraído a atenção de biólogos e químicos de todo o mundo nas últimas cinco décadas. Como resultado do potencial para a descoberta de novos medicamentos, os produtos aquáticos naturais têm atraído cientistas que levaram à descoberta de milhares de produtos de base aquática até à data, e muitos dos compostos têm demonstrado uma actividade biológica promissora. As actividades biológicas de um extracto de organismos marinhos ou compostos isolados são categorizadas em termos de actividade antimicrobiana, antileishmânica, anti-helmíntica, antimalárica, anti-inflamatória, antioxidante, anticancerígena e antialérgica (Anand, 2010; Malve, 2016). Os moluscos são considerados como uma das fontes importantes para derivar compostos bioactivos que exibem actividades antitumoral, antimicrobiana, anti-inflamatória e antioxidante (Sole et al., 1994; Bhakuni e Rawat, 2005; Benkendorff et al., 2010). Os moluscos também contêm nutrientes ricos que são benéficos para pessoas de todas as idades. No nosso corpo, o processo de oxidação conduz a danos celulares, cancro e doenças degenerativas; moléculas antioxidantes presentes em diferentes moluscos previnem os danos celulares da reacção de oxidação (Nagash et al., 2010). Compostos isolados dos moluscos foram também utilizados no tratamento da artrite reumatóide e osteoartrite (Chellaram e Edward, 2009). Os extractos de moluscos também exibiram actividade antiviral e antibacteriana contra bactérias patogénicas dos peixes, e o extracto também pode ser aplicado em aquacultura (Defer et al., 2009).

Está documentado que os mangais estão entre os ecossistemas mais produtivos do mundo, os quais fornecem importantes viveiros e locais de alimentação para peixes juvenis e potenciais espécies invertebradas, tais como moluscos (Siraprapha et al., 2016). Os moluscos são um dos principais macroinvertebrados que desempenham um papel ecológico significativo na dinâmica dos nutrientes no ecossistema dos mangais porque formam um elo importante dentro do alimento.

web como predadores, herbívoros, detritivoros e alimentadores de filtros. São bio-indicadores úteis da poluição ambiental, devido aos seus métodos de alimentação por filtragem. *N. articulata* é o mais dominante e habita amplamente na zona de mangais do estuário de Kuantan.

Com base nas perspectivas acima referidas, este estudo foi realizado para observar as propriedades antioxidantes das espécies de moluscos dominantes seleccionadas que foram encontradas abundantemente perto da área do mangue estuarino do Kuantan. O estudo teve como objectivo determinar as actividades antioxidantes dos extractos brutos *de Nerita* utilizando diferentes técnicas (peroxidação de radicais livres ou lipídicos) e analisar os aspectos quantitativos das actividades antioxidantes em espécies seleccionadas de moluscos.

METODOLOGIA
Área de Amostragem
Área de mangue de Kuantan localizada perto da região estuarina do rio Kuantan com latitude 3° 48' 20,63 °N e latitude 103° 20' 3,36 °E. Fica sob o distrito de Kuantan a cerca de 2 quilómetros de distância da cidade de Kuantan. A área estava rodeada pelos 339 hectares da Floresta de Reserva do Mangue, que existia há mais de 500 anos. Esta área de estudo é reconhecida como o habitat de uma variedade de animais como aves, peixes e outros potenciais invertebrados como gastrópodes, artrópodes.

Recolha de amostras
As amostras frescas das espécies *Nerita* foram colhidas na zona do mangue estuarino, Kuantan. As amostras foram guardadas num saco de plástico antes de serem armazenadas numa câmara fria. Depois disso, o corpo e a concha foram separados, e o estudo das propriedades antioxidantes foi centrado na parte do corpo de *Nerita* sp. Depois as amostras foram armazenadas a -20 °C até à extracção (Houssen e Jaspars, 2005; Bhakuni e Rawat, 2005). O

espécies foram identificadas até ao nível do género e referidas à Taxonomia e Distribuição de Neritidae (Mollusc: Gastropoda) em Singapura discutida por Siong e Reuben, 2008; Bouchet e Rocroi, 2005).

Extracção por diferentes dissolventes
As amostras foram extraídas em função da sua polaridade, utilizando água e solventes orgânicos. Os solventes são água, diclorometano (DCM): extracções de metanol e metanol (Sies, 1997; Houssen e Jaspars, 2005; Bhakuni e Rawat, 2005). Os métodos de extracção de detalhes foram conduzidos por diferentes solventes, que são descritos como se segue:

Extracção de água
As amostras foram cortadas em pequenos pedaços, e a pesagem das amostras foi registada em conformidade. Depois, as amostras (304,37 g) foram adicionadas com 500 mL de água destilada e moídas utilizando um misturador. A mistura foi transferida num frasco cónico e armazenada numa câmara fria (0 °C) durante 24 horas. Mais tarde, as amostras foram filtradas utilizando papel de filtro Whatman No. 1, e os resíduos/filtrado foram recolhidos para extracção de solvente orgânico. O extracto aquoso foi congelado no congelador profundo (-20 °C). Depois as amostras foram congeladas - secas, e o extracto bruto para extracção aquosa foi obtido.

Diclorometano: Extracção de Metanol
As amostras foram pesadas (432,78 g) e depois encharcadas com 500 mL de DCM: metanol (1:1), misturado e armazenado durante 24 horas à temperatura ambiente. Em seguida, as amostras embebidas foram filtradas, e os resíduos/filtrado foram recolhidos para extracção de metanol. As amostras foram secas em câmara de fumos para remover o solvente restante durante 1-3 dias. O extracto bruto para DCM: a extracção do metanol foi obtida e mantida no congelador.

Extracção de Metanol
As amostras foram pesadas (391,51 g) e adicionadas com 500 mL de metanol e depois misturadas. Depois disso, a amostra foi mantida durante 24 horas à temperatura ambiente, filtrada, e os extractos foram evaporados em conformidade. As amostras foram secas numa câmara de fumos durante 1-3 dias. O extracto bruto para extracção do metanol foi obtido e mantido no congelador.

Rastreio antioxidante
Rápida Triagem usando Dot-Blot e DPPH Staining
A despistagem rápida de antioxidantes remeteu para o método de coloração Dot-Blot e DPPH com uma ligeira modificação para detectar propriedades antioxidantes em amostras secas do congelador. Os extractos brutos foram dissolvidos com metanol com concentração 10mg/ml. Os extractos e a vitamina C foram cuidadosamente carregados na camada de TLC e secos durante 3 minutos. Depois, a solução 0,4 mM de DPPH foi pulverizada sobre a camada de TLC. A camada de TLC corada revelou um fundo roxo com uma mancha branca no local das gotas, o que mostrou uma capacidade radical de limpeza (Soler-Rivas et al., 2000; Subhapradha et al., 2013).

Ensaio   Antioxidante
Quantitativo de Limpeza

Radical Livre
A actividade de limpeza radical DPPH dos extractos das amostras *N. articulata* foi determinada utilizando o protocolo de Brand-William el al. (1995). Citado por em Scopus (1464)Foi avaliada a actividade de limpeza dos radicais livres de diferentes extractos. Foi preparada a solução de reserva de cada extracto dissolvido em metanol com concentração de 10 mg/mL. A diluição em série foi realizada em triplicado em 500, 250, 125, 62,5, 31,3, 15,6, 7,8 µg/mL em concentração a partir da solução de reserva. Cada extracto (100 µL) foi misturado com 3,9 mL de uma solução recentemente preparada contendo 25 mg/L de radicais de 1,1-difenil-2-picril-hidrazil (DPPH) em metanol. A absorvância foi medida pela luz UV a 515 nm 30 min mais tarde. A percentagem de actividade de absorção de DPPH foi calculada da seguinte forma:

Actividade de limpeza (%) = [1-(absorção de amostra/absorção de branco)] x 100

Uma menor absorvância indica um maior efeito de limpeza. O valor de EC50 (mg/mL) é a concentração efectiva com a qual os radicais DPPH foram removidos em 50%. As vitaminas C e E foram utilizadas como controlos positivos.

Método do Tiocianato Férrico (FTC)
O método FTC foi seguido conforme adoptado por Huang et al. (2005). Este método foi ligeiramente modificado no presente estudo. 4 mg de extracto bruto foi dissolvido em 4 mL de 95% (p/v) de etanol foi misturado com ácido linoleico (2,51%, v/v) em 99,5% (p/v) de etanol (4,1 mL), 8 mL de tampão fosfato 0,05M pH 7,0 e 3,9-mL de água destilada. A mistura foi armazenada num recipiente com tampa de rosca a ^{40ºC} no escuro. 0,1 mL desta mistura foi adicionado com 9,7 mL de etanol a 75% e 0,1 mL de tiocianato de amónio a 30% (p/v). Precisamente 3 minutos após a adição de 0,1 mL de cloreto ferroso de 20 mM em 3,5% (v/v) de ácido clorídrico à mistura de reacção, a absorvância a 500 nm da solução vermelha resultante foi medida. Depois foi medida novamente a cada 24 horas dos dias seguintes, quando a absorvância do controlo atingiu o valor máximo. A percentagem de inibição da peroxidação do ácido linoleico foi calculada como:

Inibição (%) =100 - [(absorção do aumento da amostra/absorção do controlo) x 100] Todos os testes foram realizados em triplicado e vitamina E como controlo positivo.

Análise descritiva
Todas as experiências foram realizadas em triplicatas. Os resultados foram apresentados em média ± desvio padrão. Esta análise foi uma estatística descritiva. Quanto aos dados e gráficos; foram submetidos a análises utilizando Microsoft® Office Excel 2007 e ANOVA.

RESULTADOS E DISCUSSÃO
Identificação da amostra
Este caracol com um fato às riscas era comumente visto em mangais, ocorrendo frequentemente em grande número. Também pode ser visto em costas rochosas, especialmente nas proximidades de mangais. Tan and Clements (2008) observou este caracol em troncos e raízes de manguezais, paredes do canal das monções, bancos lamacentos, e áreas rochosas em mangais ou perto de mangais. Era também conhecido como *N. lineata*. O tamanho desta espécie era de 2-3 cm juntamente com uma concha que era robusta e arredondada. A cor desta espécie era bege, cinzenta ou rosada com costelas finas e em espiral negras. A parte inferior plana da concha era branca, por vezes com manchas amarelas. Havia pequenos dentes na abertura da concha. O Operculum estava uniformemente coberto de pequenas saliências. O animal tinha finas linhas pretas e longos tentáculos negros e finos. Passava por algas e parecia regressar ao mesmo local após um período de alimentação. De acordo com Tan & Clements (2008), o Nerite forrado era provavelmente o mais amplamente distribuído. Esta espécie era mais abundante em canais de monção, paredes e mangueiras, de alguma forma numeradas em centenas

num único local. A tabela abaixo descreve a imagem e morfologia da espécie. O gastrópode mais dominante na zona do mangue de Kuantan foi identificado morfologicamente da seguinte forma (Quadro 1 e Figura 2):

Quadro 1: Taxonomia de *N. articulata*

Filo	Mollusca
Classe	Gastropoda
Ordem	Neritopsina
Género	Neritidae
Familia	*Nerita*
r	*Nerita articulata*
Espécie	

N. articulata	Características
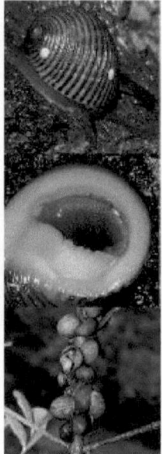	- Concha robusta e arredondada - Cor: bege, cinzento ou rosado com costelas pretas finas e em espiral - Tamanho: 2-3cm - Parte inferior plana da concha: branca, por vezes com manchas amarelas - pequenos dentes na abertura da concha -Habitat : comumente visto num mangue; troncos e raízes de árvores de mangue, buraco de árvore, paredes de canal de monção, bancos lamacentos, áreas rochosas em mangais ou perto de mangais

Fig. 2: As características do *N. articulata*

Extracção de amostras

A selecção de um procedimento de extracção adequado poderia aumentar o rendimento de compostos antioxidantes em relação ao material vegetal. Várias técnicas de extracção foram patenteadas utilizando solventes com diferentes polaridades (tais como gasolina, éter, hexano, tolueno, acetona, metanol e etanol), bem como as técnicas de ensaio e o substrato utilizado (Mayer & Hamann, 2005). Os compostos bioactivos foram extraídos de acordo com a sua polaridade, utilizando água e solventes orgânicos. Os métodos de extracção aplicados foram a extracção de água, diclorometano (DCM): extracção de metanol e extracção de metanol (Houssen & Jaspars, 2005; Tinu et al.2019).

Quadro 2: Peso da amostra extraída utilizando diferentes solventes

Método	Peso do corpo do molusco antes da extracção (g)	Peso da extracção de crude depois de seco (g)	Rendimento (%)	Observação de extractos
Extracção de água	304.73	12.69	4.16	Cor cinza claro, forma de pó
Extracção de Metanol	391.51	9.70	2.48	Cor castanha escura, forma pegajosa
Diclorometano: Metanol Extracção	432.78	2.03	0.47	Cor verde escuro, pegajoso formulário

Tecnicamente, o solvente extraiu o composto biológico devido à sua polaridade. Portanto, o composto bioactivo diferente foi extraído em cada extracção. No Quadro 2, mostrava o peso do extracto bruto para cada um dos solventes. O composto biológico foi extraído ao máximo, utilizando água como solvente. A água era geralmente conhecida como o solvente universal. Com base no resultado, poderia indicar que os constituintes moléculas da espécie eram mais solúveis no solvente polar. Contudo, uma solução que era extraída pela água não significava ter as propriedades mais antioxidantes, uma vez que era apenas determinada por três métodos separados; ponto-blot, método de actividade de limpeza, e tiocianato férrico (FTC).

Rastreio antioxidante
Rápido rastreio de Antioxidantes usando Dot-Blot e DPPH Staining
O rastreio rápido de antioxidantes utilizando o método Dot-Blot e DPPH foi descrito por Soler- Rivas et al. (2000) com ligeiras modificações. O Dot-Blot e a coloração DPPH foi o primeiro método que tinha sido utilizado para rastrear as propriedades antioxidantes neste estudo. Foram colocados diferentes tipos de extracção de solvente com concentração 10 mg/ml na placa TLC, e as propriedades antioxidantes foram detectadas após a coloração DPPH. O aparecimento de manchas brancas indica a presença de antioxidantes de diferentes extractos de amostras no ponto manchado (Huang et al., 2005). Este método foi baseado na inibição da acumulação de compostos oxidados, uma vez que a adição de antioxidantes inibiu a geração de radicais livres.

A vitamina C foi utilizada como controlo para esta experiência. Todos os extractos mostraram um resultado positivo, mas a sua intensidade foi ligeiramente diferente. A intensidade da cor branca/amarela dependia da quantidade e da natureza do radical-scavenger presente no extracto (Rahman et al., 2015). Uma mancha branca/amarela apareceu no metanol e DCM: os extractos de metanol indicaram estas amostras extraídas com alta intensidade dos compostos antioxidantes. No entanto, a baixa intensidade dos compostos antioxidantes tinha sido extraída utilizando água como solvente (Quadro 3).

Teste Quantitativo
Actividade de limpeza radical gratuita
Este método é actualmente popular com base na utilização do difenilidrazilo radical livre estável (DPPH). O objectivo deste estudo foi o de avaliar os efeitos necrófagos dos extractos de *N. articulata,* de diferentes extracções de solventes, conhecer as bases do método e também compreender a utilização do parâmetro "EC50" (concentração equivalente para dar um efeito de 50%) que foi actualmente

utilizado na interpretação dos dados experimentais do método.

2, 2-Difenil-1-picrylhydrazyl foi caracterizado como um radical livre sob a deslocalização do electrão sobresselente sobre a molécula como um todo, de modo a que as moléculas não dimerizassem, como seria o caso da maioria dos outros radicais livres. A deslocalização deu igualmente origem à cor violeta profunda, caracterizada por uma banda de absorção em solução de metanol centrada a cerca de 515 nm (Molyneux, 2004). Quando uma solução de DPPH foi misturada com a de uma substância que pode doar um átomo de hidrogénio, isto deu origem à forma reduzida com a perda desta cor violeta. Esta condição indicava que o radical DPPH foi absorvido por antioxidantes através da doação de hidrogénio, formando a forma reduzida de DPPH-H.

Quadro 3: Actividades antioxidantes de diferentes extractos de solventes de *N. articulado*

Actividade de limpeza (%) = [1-(absorção de amostra/absorção de branco)] x 100			
Concentração(µL)	Extracto de água (±SD)	Extracto de Metanol (±SD)	DCM/Extracto de metanol (±SD)
1000	4.4829 ± 0.013	6.5104 ± 0.044	7.6198 ± 0.085
500	4.2969 ± 0.008	4.9665 ± 0.017	5.2141 ± 0.028
250	3.7016 ± 0.005	4.9200 ± 0.007	3.0187 ± 0.008
125	4.3527 ± 0.005	5.0223 ± 0.024	2.4058 ± 0.024
62.5	4.1388 ± 0.01	6.9289 ± 0.038	8.9645 ± 0.044
31.3	4.5480 ± 0.008	5.6176 ± 0.021	6.1288 ± 0.055
15.6	4.3992 ± 0.01	8.2682 ± 0.059	5.4336 ± 0.044
7.8	9.0681 ± 0.063	7.4498 ± 0.036	4.2444 ± 0.022

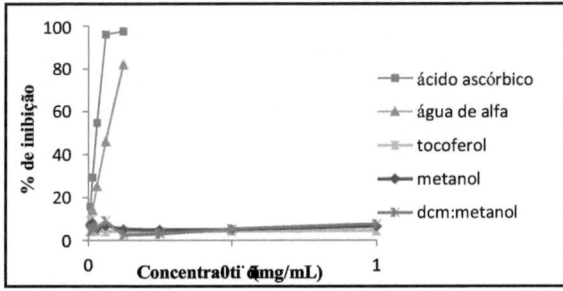

Fig. 3: Percentagem de inibição que mostra IC50 para ácido ascórbico, alfa-tocoferol, extracto de água, extracto de metanol e diclorometano: extracto de metanol.

O quadro 3 mostrou as actividades antioxidantes de diferentes extractos de solventes de *N. articulata*. Os extractos de amostras (10 mg), com vários solventes, reagiram com o radical livre DPPH. Todas as amostras exibiram baixa actividade antioxidante (2,4058-9,0681%). Nenhuma das amostras excedeu 10% das actividades de limpeza antioxidante, o que indicava que as actividades de limpeza antioxidante de   *N. articulata* era deficiente. Além disso, a concentração para três amostras não pode ser determinada uma vez que o gráfico da Figura 3 não subiu para 50% da inibição.

De acordo com Manduzio et al. (2005) sobre o stress oxidativo nos moluscos, o nível de malondialdeído (MDA) aumentou de 4,48 ± 0,24 nmol/mg para 7,58 ± 0,38 nmol/mg após 168 horas de anoxia. Na célula da glândula digestiva, o nível de MDA subiu mais de três vezes (de 2,7 ± 0,14 nmol/mg para 8,48 ± 0,43 nmol/mg). Esta estatística mostrou que o nível de peroxidação lipídica foi quase o mesmo na *articulação de Nerita.*

Foram propostos numerosos métodos e modificações para avaliar a actividade antioxidante e para explicar o funcionamento dos antioxidantes. Destes, o ensaio DPPH, a capacidade de redução, a quelação de iões metálicos, e o ensaio de extinção de espécies de oxigénio activo são mais comummente utilizados para a avaliação da actividade antioxidante de extractos (Nadezhda, 2008). A absorção máxima de um radical DPPH estável em metanol foi de 517 nm. A diminuição da absorção do radical DPPH causada pelos antioxidantes, devido à reacção entre as moléculas antioxidantes e o radical, progride, o que resulta no sequestro do radical por doação de hidrogénio. É visualmente perceptível como descoloração do púrpura ao amarelo.

Ensaio de Tiocianato Férrico (FTC)
O ensaio de tiocianato férrico (FTC) determinou a quantidade de peróxido produzida durante as fases iniciais da oxidação, que eram os produtos primários da oxidação, e estava a representar a condição *in vivo.* Em comparação com o ensaio DPPH, o radical livre DPPH era radical sintético ou radical *in vitro,* o que significava que não existia no corpo humano. Este ensaio era significativo porque representava o que estava a acontecer no corpo humano. Os extractos brutos que mostravam o carácter antioxidante dos radicais livres não significavam que funcionasse correctamente no corpo humano. Havia a possibilidade de os compostos se tornarem pró-oxidantes depois de se terem extraído os radicais. O pró-oxidante era o estado em que o próprio antioxidante se tornou radical livre e causou directamente a propagação da reacção em cadeia. Se o produto em bruto inibido fosse elevado neste ensaio FTC, o composto poderia ser considerado seguro para ser consumido.

A mistura de reacção de ácido linoleico, etanol, tampão fosfato e antioxidante (amostra e padrão) foi incubada a 40 °C, e o valor do peróxido foi medido pela absorvância a 500 nm após reacção entre FeCl3 e tiocianato. Neste teste, o ácido linoleico (RCOOH) foi reduzido por $Fe2+$ a radical livre (RO-), enquanto o próprio ião ferroso sofre o processo de oxidação a $Fe3+$. Depois, o ião $Fe3+$ reage com o ião tiocianato (SCN)⁻ para dar o complexo $Fe(SCN)_3$ como uma cor vermelha brilhante. A intensidade de absorção do $Fe(SCN)_3$ complexo foi medida por espectrofotómetro. Os baixos valores de absorção correspondentes a uma alta percentagem de inibição indicam assim que a amostra poderia inibir a peroxidação lipídica. Os baixos valores de absorvância correspondentes a uma alta percentagem de inibição, sugerem, portanto, que a amostra poderia inibir a peroxidação lipídica (Deny et al., 2006).

Os efeitos antioxidantes do extracto da espécie *Nerita* e da vitamina E na peroxidação do ácido linoleico foram investigados, e os resultados foram apresentados no Quadro 3 e na Figura 4.

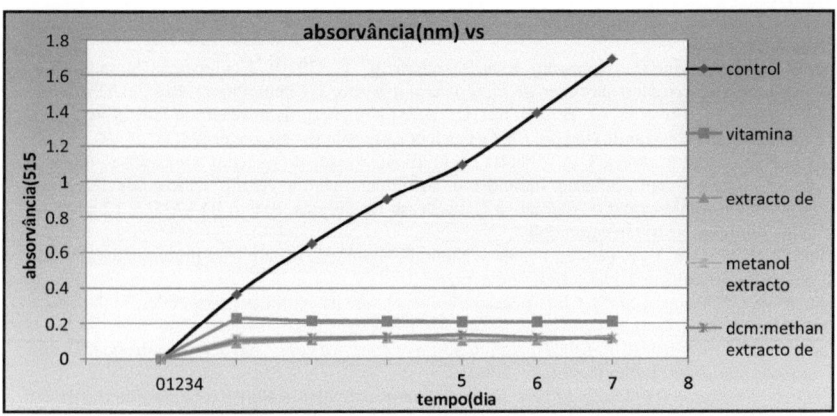

Figura 4: Absorvância de extractos a 4 mg/mL usando o método FTC.
Os resultados são de medições em duplicado

Os intervalos de absorção registados para amostra, vitamina E e controlo foram de $0,0629 \pm 0,003 - 0,1269 \pm 0,001$,
$0,000 - 2,113$ e $0,1692 \pm 0,001 - 0,2084 \pm 0,002$, respectivamente. A partir do gráfico que mostra a absorvância de todas as amostras aumentou com o passar do tempo. O teste foi interrompido após a redução da absorvância ter ocorrido. O gráfico mostrava uma forte inibição da peroxidação lipídica pelos extractos de amostras de *Nerita*. O gráfico da amostra estava abaixo do gráfico da vitamina E, o que significa que a amostra era mais inibidora do que a vitamina
E. Além disso, toda a percentagem de inibição do extracto bruto estava próxima mesmo abaixo do gráfico da vitamina E, o que significava que as amostras continham um forte inibidor de peroxidação lipídica (Figura 4).

Cada extracto mostrou uma forte actividade antioxidante na inibição da peroxidação do ácido linoleico a uma concentração de 4 mg/ml, em comparação com o controlo ($p < 0,05$), e prolongou significativamente o período de indução da auto-oxidação do ácido linoleico. Dos resultados do FTC, a percentagem de inibição da peroxidação no sistema de ácido linoleico por 10 mg de água, metanol e DCM: os extractos de metanol foram encontrados em $92,66 \pm 0,02\%$,
$93,19 \pm 0,003\%$ e $93,4932 \pm 0,007\%$ respectivamente nos oito dias de testes. Estes valores foram significativamente ($p < 0,05$) superiores aos exibidos por 1 mg de α-tocopherol ($87,5\%$). Um relatório semelhante de Xiu et al. (2019), descobriu que o extracto de molusco, *Tergillarca granosa* inibe fortemente a peroxidação lipídica também.

CONCLUSÃO
Com base nos resultados deste estudo indicou que *N. articulata* tem uma actividade antioxidante significativa. Os dados sobre procedimentos de extracção e avaliação da actividade antioxidante obtidos do DCM: metanol, metanol e extractos de água, sugerem que *o N. articulata* é uma fonte promissora para isolar os compostos antioxidantes naturais. Pode-se concluir que todos os extractos podem ser utilizados como uma fonte acessível de antioxidantes naturais com os consequentes

benefícios para a saúde. No entanto, sugere-se a realização de mais estudos para assegurar as propriedades medicinais dos gastrópodes juntamente com outras bioactividades, tais como anti-inflamatório, citotoxicidade, anticancerígeno, antimalárico, actividade analgésica, antialérgica e anti-hipertensiva.

REFERÊNCIAS

Anand, P.T., Chellaram, C., Kumaran, R. e Shanthini, C. F. (2010). Composição bioquímica e actividade antioxidante da *carne de Pleuroploca trapézio*. J. Chem. Pharm. Res., 2: 526-535.

Brand-Williams, W., Cuvelier, M. E., e Berset, C. (1995) Utilização de um método radical livre para avaliar a actividade antioxidante. *LWT* - Ciência e Tecnologia *Alimentar*. 28(1): 25–30.

Benkendorff, K., C.M. McIver e C.A. Abbott (2011). Bioactividade do remédio homeopático murex e de extractos de um molusco murcidiano australiano contra células cancerosas humanas. Medicina Complementar e Alternativa Baseada em Evidências, Artigo ID 879585, 12 páginas. https://doi.org/10.1093/ecam/nep042

Bhakuni, D. S. e Rawat, D. S. (2005). Produtos Naturais Marinhos Bioactivos. Springer, Nova Iorque e Anamaya Publishers, Nova Deli, Índia. p 26-63.

Bouchet, P. & J.-P. Rocroi (2005). Classificação e nomenclatura das famílias gastrópodes. Malacologia 47: 1-397.

Chellaram, C. e Edward. J. K. P. (2009). Antinociceptive assets of coral associated Gastropod, *Drupa margariticola*. Int. J. Pharmacol., 5: 236-239.

Defer, D., N. Bourgnon e Y. Fleury (2009). Despistagem de actividades antibacterianas e antivirais em três bivalves e dois moluscos marinhos gastrópodes. Aquacultura. 293: 1-7.

Deny Susanti, Hasnah M. Sirat, Farediah Ahmad, Rasadah Mat Ali, Norio Aimi, Mariko Kitajima (2007). Antioxidante e flavonóides citotóxicos das flores de Melastoma malabathricum L. Food Chem. 107(3) 710-716

Houssen, W. E. e Jaspars, M. (2005). Natural Products Isolation, Segunda Edição, Methods in Biotechnology, Humana Press, 20, 353-390.

Huang, D. J., Chen, H. J., Lin, C. D. &Lin, Y. H. (2005). Actividades antioxidantes e antiproliferativas dos componentes dos espinafres de água (Ipomoea aquatic Forsk). *Bot. Bull. Acad. Pecado*. 46, 99-106.

Malve, H (2016). Exploring the ocean for new drug developments: marine pharmacology. J. Pharm. Bioallied Sci. 8(2): 83-91. Doi: 10.4103/0975-7406.171700

Molyneux, P. (2004). A utilização do difenilidrazilo radical livre (DPPH) para estimar a actividade antioxidante. Songklanakarin. *J. Sci. Technol.* 26, 211-219.

Xiu, R. Y., Yi, . Q., Yu, Q. Z., Chang, F. C. e Wang, B. (2019). Purificação e caracterização do peptídeo antioxidante derivado do hidrolisado de proteínas do molusco bivalve marinho Tergillarca granosa. Drogas de Marte. 17(5), 251-266.

Nagash, Y.S., R.A Nazeer, e N.S. Sampath Kumar (2010). Actividade antioxidante in vitro de extractos solventes de moluscos (Loligo duvauceli e Donax strateus) da Índia. Mundo J. Fish. Mar. Sci., 2: 240-245. Rahman, M. M., Islam, M. B., Biswas, M. e Alam, A. H. M. K. (2015). Actividade antioxidante in vitro e de limpeza de radicais livres de diferentes partes de Tabebuia pallida em crescimento no Bangladesh. Res. BMC. Notas. 8: 621. DOI 10.1186/s13104-015-1618-6

Siraprapraha, P., Soranan, W. e Pobporn, T. (2016). Fauna Molusca no estuário do Mangue de Bang Taboon, Golfo Interior da Tailândia: Implicações para a conservação e utilização sustentável dos recursos costeiros: p. 1-5. MATEC Web de Conferências. CCBS 2016.

Sies H (1997). Stress oxidativo: oxidantes e antioxidantes. *Exp Physiol* 82 (2): 291-295.

Siong Kiat Tan e Reuben Clements (2008) Taxonomia e distribuição do Neritidae (Mollusca: Gastropoda) em Singapura. Estudos Zoológicos 47(4): 481-494.

Soler-Rivas, C., Espin, J.C. e H.J. Wichers (2000). Um teste fácil e rápido para comparar a capacidade total dos alimentos para a conservação de radicais livres. *Fitoquímica. Anal.* 11, 330-338.

Solé, M., Porte, C., Albaigés, J. (1994) Mixed function oxygenase system components and antioxidant enzymes in different marine bivalves: its relation with contaminant body burdens. Aquat Toxicol 30:271-283

Tan, S. K. e Clements, R. (2008) Taxonomy and distribution of the neritidae (Mollusca: Gastropoda) in Singapore.

Tinu, Odeleye, William Lindsey e White, Jun Lu (2019). Técnicas de extracção e potenciais benefícios para a saúde dos compostos bioactivos dos moluscos marinhos: uma revisão. Journal of Food Function. 22:10(5):2278-2289.

Subhapradha, N., Ramasamy, P., Sudharsan, S., Seedevi, P., Moovendhan, M., Dharmadurai, D., Vasanth Kumar, S., Vairamani, S. e Shanmugam, A. (2013) Potencial antioxidante do extracto metanólico bruto de tecido corporal inteiro de *Bursa spinosa*. Actas da Conferência Nacional-USSE- 2013, TBML College, Porayar-609307, Nagai-Dt, Tamil Nadu, Sul da Índia. 163-167.

Bactérias resistentes a metais pesados de sedimentos marinhos de Pantai Balok, Pahang, Malásia

Munira Haniff1, Zaima Azira Zainal Abidin1*

[1Dept]. de Biotecnologia, Kulliyyah da Ciência, Universidade Islâmica Internacional da Malásia
*Autor correspondente: zzaima@iium.edu.my

ABSTRACT

A poluição por metais pesados, particularmente nas águas costeiras, tornou-se uma questão de séria preocupação internacional. A poluição por metais pesados não só afecta a qualidade da água e do solo, como também afecta os animais e plantas, bem como os microrganismos que habitam a zona costeira. Este estudo visou o isolamento das bactérias resistentes aos metais pesados dos sedimentos marinhos de Pantai Balok como uma tentativa de avaliar a possível poluição por metais pesados presentes nessa área, bem como na procura de potenciais candidatos para fins de bioremediação. Foi obtido um total de 33 isolados e submetidos a testes de resistência a metais pesados utilizando os seguintes metais pesados - crómio (Cr), níquel (Ni), cobre (Cu), cobalto (Co), cádmio (Cd). Os resultados revelaram que quase todos os isolados mostraram alta tolerância em relação ao Cr, Ni, Co e Cu, mas baixa tolerância em relação ao Cd. O perfil de resistência a metais pesados associado a Pantai Balok estava na seguinte ordem: Cr > Ni > Co > Cu > Cd. Cinco isolados nomeadamente PB1, PB9, PB17, PB18, e PB 33 exibiram um forte padrão de resistência a metais pesados e as suas identidades foram determinadas utilizando 16S rRNA sequenciação do gene. PB1 estava estreitamente relacionado com *Stenotrophomonas maltophilia* (99%) enquanto PB9 a *Staphylococcus pasteuri* (98%). Os isolados PB17 e PB18 eram altamente semelhantes a *Bacillus pumilus* (99%) e *Bacillus sp.* (99%) respectivamente, enquanto que PB33 é *Pseudomonas aeruginosa* (99%). A presença de bactérias resistentes a metais pesados pode indicar a ocorrência de poluição por metais pesados nas águas costeiras de Pahang e pode constituir um risco potencial para a saúde do público.

Palavras-chave: resistente a metais pesados, Bactérias, sedimento marinho, 16S rRNA gene

INTRODUÇÃO

A expansão das actividades de urbanização fez com que hoje em dia a zona costeira se tornasse uma condição insalubre, onde inúmeros produtos químicos, tais como metais pesados e pesticidas, têm sido utilizados e descarregados na zona costeira. Os metais pesados são uma das principais fontes de poluição ambiental devido à sua descarga de efluentes no ambiente por um grande número de actividades industriais, tais como o processamento de metais, mineração e outras (Yang et al. 2018; Yamina et al. 2012). O metal pesado é qualquer metal ou metalóide de preocupação ambiental que também tenha elementos químicos tóxicos e os seus compostos químicos desviados. Tem critérios de densidade que vão de mais de 3,5 g/cm3 a mais de 7 g/cm3 (Nies 1999). No entanto, é ainda inegável que alguns destes metais pesados são necessários à vida, tais como o cobre, ferro e zinco. Contudo, outros metais pesados como o arsénio, cádmio, mercúrio e prata não têm qualquer papel biológico nos organismos, e são prejudiciais mesmo em concentrações muito baixas (Alam et al. 2011). Num ambiente aquático, os metais pesados tendem a acumular-se no sedimento. À medida que os metais pesados são rapidamente descarregados no ambiente, estes associam-se às partículas e finalmente fixam-se no fundo dos sedimentos (Chapman et al. 1998). Além disso, a poluição por metais pesados no ambiente marinho está a tornar-se uma preocupação devido à sua capacidade de se acumular na cadeia alimentar. Além disso, muitas actividades humanas resultaram na acumulação de metais no ambiente e finalmente acumulam-se através da cadeia alimentar e conduzem a graves problemas de saúde e ecológicos (Mohammadi et al. 2019; Vareda et al. 2019; Hou et al. 2018; Deng e Wang 2012).

Os microrganismos são muito sensíveis à baixa concentração de metais pesados, contudo, devido a certas condições específicas do habitat, podem rapidamente tentar adaptar essas alterações e tornar-se resistentes a um elevado teor de metais pesados (Nithya e Pandian, 2009). Os microrganismos respondem aos metais pesados através de várias operações; incluindo o transporte através da membrana celular, a biosorção para as paredes celulares e o aprisionamento em extracelulares.

cápsulas, precipitação, complexação, reacções de oxidação-redução, produção de culturas extracelulares, sequestro intracelular, bombas de efluxo metálico e biomineralização (Álvarez et al. 2013; Schütze e Kothe 2012). A capacidade de sobrevivência e reprodução dos microrganismos num habitat contaminado por metais depende da adaptação genética ou fisiológica, uma vez que as bactérias resistentes aos metais pesados são geralmente codificadas por genes ou plasmídeos e transposões e podem ser regularmente transferidas intergenericamente, interespecífica da microflora in situ para a microflora indígena (Malik e Aleem 2011). Exemplos de genes de resistência a metais pesados (MRG) incluem genes de resistência ao cobre (*copA*, *copB*, *pcoA*, *pcoC*, e *pcoD*), genes de resistência ao arsénio (*arsB* e *arsC*), níquel, chumbo e gene de resistência ao crómio *(nccA, pbrT,* e *chrB* respectivamente) (Chen et al. 2019).

Pantai Balok é uma praia famosa que está localizada no Mar do Sul da China e é considerada como uma das atracções para turistas em Pahang ao lado de Teluk Chempedak e Pantai Batu Hitam. No entanto, é de salientar que a zona costeira estava a ser poluída com o despejo de resíduos e mal monitorizada. Actividades antropogénicas como o uso do solo para desenvolvimento na zona costeira, efluentes de resíduos domésticos e industriais não tratados, incidentes de derrame de petróleo ou efluentes de derrames ilegais de petróleo podem contribuir para a poluição marinha da costa do estado de Pahang. O estado das bactérias resistentes aos metais pesados nos sedimentos de Pantai Balok é relativamente desconhecido, uma vez que não foi realizado qualquer estudo nesta área. Assim, este estudo fornece uma visão das bactérias resistentes a metais pesados presentes no sedimento marinho de Pantai Balok. Além disso, a identificação de bactérias resistentes a metais pesados pode ser utilizada como indicadores biológicos de contaminação por metais pesados e candidatos à aplicação da bioremediação no futuro.

MATERIAIS E MÉTODOS
Recolha de amostras de sedimentos
Foram recolhidas amostras de sedimentos marinhos usando um Ponar agarrado na zona da praia de Balok em três estações diferentes: Estação 1, Estação 2 e Estação 3. A tabela 1 descreve as coordenadas, profundidade e pH da área de amostragem. Cada uma das estações estava localizada a 30 m uma da outra. Todas as amostras de sedimento recolhidas foram transferidas para um saco de plástico de polietileno esterilizado e processadas imediatamente.

Quadro 2.1: Estação de amostragem e coordenadas da zona de Pantai Balok

Localização	Coordenadas	Profundidade	pH
Estação 1	N 03 '55.768 E 103' 23.395	4.2 m	6.9
Estação 2	N 03'56.115 E 103'23.536	3.4 m	6.0
Estação 3	N 03'56.397 E 103'23. 660	3.4 m	6.6

Isolamento de bactérias a partir de amostras de sedimentos marinhos
As bactérias das amostras de sedimentos foram isoladas utilizando a técnica da placa espalhada (Zainal Abidin et al. 2018). Uma grama de amostras de sedimento foi misturada com 10 ml de solução salina. Em seguida, as amostras homogeneizadas foram diluídas em série (10-2 a 10-5) e 100 µl de cada diluição foi laminado sobre o ágar nutriente em duplicado. As amostras laminadas foram então incubadas durante 48 horas a 37°C. Após a incubação, as respectivas colónias foram purificadas em

meio de ágar nutriente. A coloração de Gram foi realizada em todos os isolados e as suas características morfológicas foram registadas.

Teste de resistência a metais pesados
A resistência dos metais pesados das estirpes bacterianas obtidas foi determinada utilizando ágar Mueller Hinton complementado com várias concentrações de cinco metais pesados diferentes (Cd2+, Cu2+, Cd2+, Co2+, Ni2+) sob a forma de sais de cloreto. A concentração inicial do metal pesado era de 20 µg/ml e a concentração dos metais pesados foi aumentando gradualmente a 10 µg/ml até que os isolados não conseguiram crescer. A concentração inibitória mínima (MIC) foi observada quando os isolados não conseguiram crescer nas placas, mesmo após um máximo de 5 dias de incubação. O teste foi realizado em duplicado.

Amplificação da reacção em cadeia da polimerase (PCR) 16S rRNA gene
Os isolados com capacidade de resistência a metais pesados foram submetidos a identificação molecular usando a sequência genética 16S rRNA. O ADN genómico dos isolados foi extraído utilizando o Kit de Extracção de ADN bacteriano GF-1 (Vivantis) seguindo os protocolos do fabricante. A amplificação por PCR do gene 16S rRNA foi realizada utilizando o seguinte conjunto de iniciadores: 27F 5'-AGAGTTGATCCTGGCTCTCAG-3' e 1492R 5'- GGTTACCTTGTTTACGACTT-3'. As reacções PCR foram realizadas num volume final de 50 µl que consiste em 200 ng de modelo de ADN, 25 µl de MyTaq™ Mistura 2X (Bioline, UK) e iniciadores 0,4 µM sob as seguintes condições: desnaturação inicial a 94°C durante 5 min, seguida de 30 ciclos de 94°C durante 30 s, 55°C durante 60 s e 72°C durante 4 min; e etapa de extensão a 72°C durante 10 min. Os produtos de amplificação foram confirmados utilizando gel de agarose a 1% e enviados para o [1] Laboratório de Base, Malásia para purificação e sequenciação. As sequências do gene rRNA 16S resultantes foram verificadas manualmente e editadas utilizando o editor de alinhamento de sequências BioEdit. A análise das sequências parciais de nucleótidos dos isolados foi realizada através da ferramenta de pesquisa GenBank BLASTn.

RESULTADOS E DISCUSSÃO
No total, foram obtidos 33 isolados de 3 pontos de amostragem e a maioria (~75%) dos isolados pertenciam a bactérias Gram negativas (Quadro 2). A maioria das colónias bacterianas eram brancas e de cor creme, com poucos isolados apresentando outras cores tais como pêssego, amarelo e laranja. A morfologia das colónias e a coloração de Gram de isolados representativos de cada ponto de amostragem são como ilustradas nas Figuras 1-3.

Quadro 2.2: Distribuição de bactérias Gram positivas e Gram-negativas de acordo com os pontos de amostragem

Localização	Bactérias Gram positivas	Bactérias Gram negativas
Ponto 1	10	3
Ponto 2	9	3
Ponto 3	6	2
Total	**25**	**8**

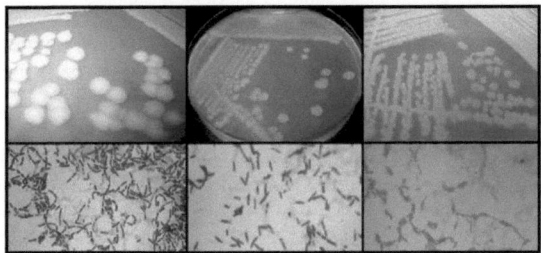

Fig. 1: Representante isolado do Ponto 1

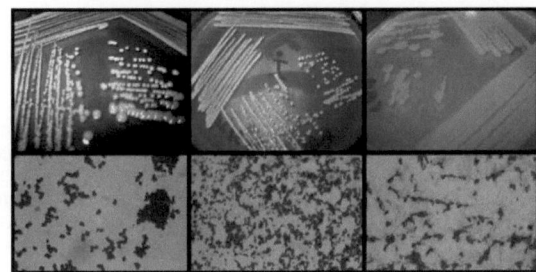

Fig. 2: Representante isolado do Ponto 2

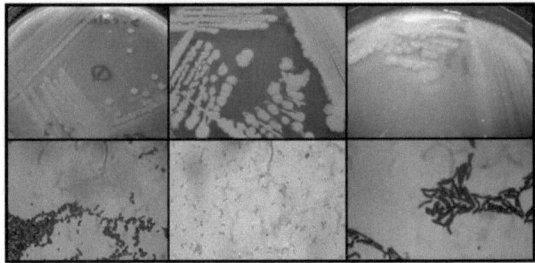

Fig. 3 Representante isolado do Ponto 3

Neste estudo, verificou-se que todos os isolados tinham MIC > 450 µg/ml para Cr indicando que estas bactérias possuíam uma forte tolerância em relação ao Cr (Tabela 3). Alguns estudos demonstraram que algumas das bactérias isoladas podem possivelmente tolerar uma concentração de Cr até 1.000 µg/ml (Sair e Khan 2017; Yamina et al. 2012). Quanto ao Ni, quase todos os isolados mostraram MIC > 450 µg/ml, excepto para PB5 e PB24, sendo que o MIC para ambos os isolados era de 450 µg/ml. Dois terços dos isolados mostraram MIC > 450 µg/ml para Co enquanto que os MIC para o resto dos isolados estavam na gama de 200 - 400 µg/ml. A maioria dos isolados (72,7%) mostrou MIC > 450 µg/ml para Cu enquanto que os restantes estavam no intervalo de 100 - 400 µg/ml. As bactérias resistentes a metais pesados são consideradas como os indicadores biológicos de contaminação por metais pesados de um determinado local. Além disso, tais bactérias contribuem potencialmente para o ciclo biogeoquímico de metais pesados no ambiente. A elevada tolerância a Cr, Ni, Cu e Co pela maioria dos isolados bacterianos pode sugerir a possibilidade de contaminação por estes metais pesados ocorrida em Pantai Balok. O facto de a zona industrial de Gebeng se encontrar a poucos quilómetros de Pantai Balok pode também ser um factor que contribui para esta observação. Uma resistência invulgar ao Cr pode estar relacionada com a contaminação pelo Cr nessa área em particular. O Cr é amplamente utilizado na indústria como revestimento, ligas, curtimento de peles de animais, corantes têxteis e mordentes e, consequentemente, estas actividades levaram a um aumento da contaminação ambiental do Cr (Oliveira 2012). A presença de Ni no sedimento marinho de Pantai Balok pode estar ligada a efluentes industriais, aplicação terrestre de fertilizantes, irrigação de águas residuais e lamas de esgotos. A elevada concentração de Ni conduzirá a um elevado número de estirpes resistentes ao níquel na comunidade bacteriana que habita o sedimento marinho (Mengoni et al. 2001). A poluição por carvão pode ser atribuída à emissão de compostos de cobalto durante a combustão de carvão duro e petróleo, petroquímica, metais e indústrias cerâmicas, resultando numa acumulação substancial de Co no sedimento marinho (Kosiorek e Wyszkowski 2019). A contaminação de Cu ocorreu geralmente devido à aplicação de insumos agrícolas, devido ao facto de

que o Cu é um micronutriente essencial importante para o crescimento de plantas especificamente na resistência a doenças e produção de sementes (Wuana e Okiemen 2011). Os resultados obtidos a partir deste estudo indicaram também a capacidade de resistência múltipla destas bactérias a metais pesados. As bactérias resistentes a determinados metais pesados podem também adquirir resistência a outros metais pesados. Anteriormente, as bactérias resistentes ao Cr (VI) dos locais altamente contaminados com Cr(III), Ni, Zn, Cu, Cd e Hg (Alam et al., 2011; Verma et al., 2001). Do mesmo modo, a investigação sobre a abundância de genes de resistência a metais (MRG) numa área de barragem de cobre de cauda encontrou a presença de múltiplos MRG pesados codificados por *czcA, czcC*, e *czcD* (Chen et al., 2019). Existem dois mecanismos diferentes de co-selecção que regulam a resistência de múltiplos metais pesados, que incluem a co-resistência onde diferentes factores de resistência geneticamente ligados são transferidos simultaneamente e a resistência cruzada na qual o mesmo factor é responsável pela resistência a mais do que um composto estruturalmente diferente (Baker-Austin et al., 2006).

Embora quase todos os isolados mostrassem alta tolerância em relação ao Cr, Ni, Co e Cu, estes isolados, no entanto, mostraram baixa tolerância em relação ao Cd. Os MICs mais elevados registados para Cd foram 300 µg/ml e 280 µg/ml pelos isolados PB17 e PB33. O MIC mais baixo registado foi 70 µg/ml de 3 isolados (PB7, PB8, P23) enquanto que os MICs para os restantes isolados estavam no intervalo 100 -140 µg/ml. Observação semelhante foi também relatada por Zainal Abidin e Chowdhury (2018) em Teluk Chempedak e Pantai Batu Hitam, ambos localizados na linha costeira de Pahang. O Cd é amplamente aplicado em muitas indústrias como tintas, galvanoplastia, e ligas de cobre, pasta e papel, baterias alcalinas, e mineração, fertilizantes e refinação de zinco (USEPA 2000). Uma vez que todos os isolados apresentam baixa tolerância ao Cd, esta observação pode indicar que Pantai Balok não está poluído com Cd. O padrão de resistência associado a Pantai Balok, Pahang estava sob a forma de Cr > Ni > Co > Cu > Cd.

Tabela 3: MIC de metal pesado em µg/ml

Isolar	Crómio (µg/ml)	Cobalto (µg/ml)	Cobre (µg/ml)	Cádmio (µg/ml)	Níquel (µg/ml)
PB1	>450	>450	>450	140	>450
PB2	>450	250	400	120	>450
PB3	>450	250	>450	120	>450
PB4	>450	400	>450	140	>450
PB5	>450	300	>450	130	450
PB6	>450	>450	250	100	>450
PB7	>450	>450	>450	70	>450
PB8	>450	>450	>450	70	>450
PB9	>450	>450	>450	140	>450
PB10	>450	250	>450	100	>450
PB11	>450	250	>450	120	>450
PB12	>450	450	>450	120	>450
PB13	>450	400	>450	100	>450
PB14	>450	>450	100	100	>450
PB15	>450	>450	>450	100	>450
PB16	>450	>450	>450	120	>450
PB17	>450	>450	>450	300	>450
PB18	>450	>450	>450	140	>450
PB19	>450	>450	>450	100	>450
PB20	>450	>450	>450	100	>450
PB21	>450	>450	>450	120	>450
PB22	>450	400	>450	140	>450
PB23	>450	200	150	70	>450
PB24	>450	200	150	100	450
PB25	>450	>450	250	100	>450
PB26	>450	>450	200	100	>450
PB27	>450	>450	>450	100	>450
PB28	>450	>450	>450	100	>450
PB29	>450	>450	300	100	>450
PB30	>450	>450	>450	100	>450
PB31	>450	>450	250	100	>450
PB32	>450	>450	>450	100	>450
PB33	>450	>450	>450	280	>450

Quadro 4: Identidades dos isolados que exibem elevada resistência aos metais pesados

Isolar	MIC de metal pesado em µg/ml					Parente mais próximo	Semelhança (%)
	Cr2+	Co2+	Cu2+	Cd2+	Ni2+		
PB1	>450	>450	>450	140	>450	1Stenotrophomonas maltophilia estirpe SJTH1	99%
PB9	>450	>450	>450	140	>450	Estirpe de Staphylococcus pasteuri AE4-2	98%
PB17	>450	>450	>450	300	>450	Bacillus pumilus estirpe NCTC10337	99%
PB18	>450	>450	>450	140	>450	Bacillus sp. estirpe C81	99%

PB33	>450	>450	>450	280	>450	*Pseudomonas aeruginosa* estirpe C-1	99%

A identificação molecular através da amplificação PCR do gene 16S rRNA foi realizada em 5 isolados
- PB1, PB9, PB17, PB18 e PB33, todos eles com fortes perfis de resistência a metais pesados. Todos os 5 isolados deram leituras elevadas (>450 µg/ml) para Cr, Ni, Co e Cu e 3 isolados (PB1, PB9 e PB18) deram MIC bastante baixo para Cd (140 µg/ml) enquanto que PB33 e PB17 tinham valores MIC para Cd de 300 µg/ml e 280 µg/ml respectivamente. A amplificação PCR do gene 16S rRNA (~1.500 bp) para estes isolados foi obtida com sucesso e as sequências parciais do gene 16S rRNA foram comparadas com a base de dados NCBI (Quadro 4). A sequência parcial do gene 16S rRNA indicou que PB1 estava intimamente relacionado com *Stenotrophomonas maltophilia* com 99% de semelhança enquanto que PB9 é altamente semelhante a *Staphylococcus pasteuri* (Quadro 4). *A Stenotrophomonas maltophilia* é uma bactéria Gram-negativa e as estirpes de *S. maltophilia* encontram-se distribuídas de forma omnipresente no ambiente, incluindo nas águas costeiras. A *S. maltophilia* pode causar infecções nosocomiais em doentes imunodeprimidos e são naturalmente resistentes a muitos antibióticos de largo espectro, tais como cefalosporinas, carbapenems, e aminoglicosídeos. Vários estudos relataram a incidência de *S. maltophilia* resistente a metais pesados (Baldiris et al. 2018; Raman et al. 2018; Pages et al. 2008), indicando a capacidade de resistência a metais pesados desta bactéria juntamente com a resistência a antibióticos. Verificou-se que os isolados PB17 e PB18 pertencem ao género *Bacillus* com PB17 estreitamente relacionado com *B. pumilus*, enquanto que o isolado PB33 é identificado como *Pseudomonas aeruginosa* com base na sequência parcial do gene 16S rRNA. Esta descoberta está de acordo com outras descobertas (Zainal Abidin et al. 2020; Dweba et al. 2019; Pereira e Ramaiah 2019; Verma et al. 2017; Fierros-Romero et al. 2016) que demonstraram que as estirpes *Bacillus* sp., *Pseudomonas* sp. e *Staphylococcus* sp. possuem a capacidade de resistência a múltiplos metais. *Bacillus* sp. é uma bactéria Gram positiva, em forma de bastão e pode ser isolada de vários ambientes, incluindo humanos e animais. Jayanthi et al. (2016) relataram a ocorrência de *B. pumilus* para ser absolutamente resistente a uma gama de metais pesados (Pb, Hg, Cd, Cr. Mn, Zn, Al, Fe). *P. aeruginosa* é uma bactéria Gram-negativa amplamente distribuída no ambiente, bem como em vários organismos hospedeiros vivos. Além disso, esta bactéria é a causa mais prevalecente de infecções oportunistas nos seres humanos. A *P. aeruginosa* mostra geralmente resistência a múltiplos antibióticos e esta bactéria é também conhecida por ter capacidade de resistência a metais pesados. Por exemplo, a *P. aeruginosa* ASU 6a isolada de um habitat altamente contaminado por metais demonstrou um elevado grau de tolerância a Pb2+, Cd2+, Cr6+ e Ni2+ e resistente a vários antibióticos (Hassan et al. 2008). *S. aureus* é um dos agentes patogénicos mais importantes dos seres humanos e dos animais. MRSA (*S. aureus* resistente à meticilina) é um agente patogénico notório, um
causa comum na infecção hospitalar e é resistente a múltiplos antibióticos. A investigação conduzida por Dweba et al. (2019) descobriu que os isolados de *S. aureus* eram resistentes a alta concentração de Cd, Zn, Pb e Cu. Todos os 5 isolados têm o potencial para serem utilizados em aplicações biotecnológicas e é necessária mais investigação para capitalizar plenamente as suas capacidades como ferramentas de teste biológico em locais contaminados por metais pesados e na aplicação em bioremediação de áreas poluídas por metais pesados.

CONCLUSÃO
A presença de bactérias com elevada tolerância a Cr, Ni, Co e Cu dos sedimentos marinhos de Pantai Balok pode sugerir a existência de contaminação por metais pesados neste local. Estas descobertas exemplificam o impacto das actividades humanas nos ambientes marinhos que podem constituir um risco para a saúde pública e representar uma ameaça para o ecossistema marinho. As partes relevantes, incluindo as comunidades locais, podem ter de impor a monitorização e a aplicação da lei na costa de Pahang, com o objectivo de reduzir o impacto das actividades antropogénicas nos ecossistemas marinhos. Além disso, cinco isolados (PB1, PB9, PB17, PB18 e PB33), todos eles com forte resistência a metais pesados, têm potencial para serem utilizados na aplicação biotecnológica, particularmente na biorremediação de locais poluídos por metais pesados.

REFERÊNCIAS

Alam M.Z., Ahmad S., Malik, A. (2011). Prevalência de resistência de metais pesados em bactérias isoladas de efluentes de curtumes e solo afectado, *Environ. Monit. Assess.*, 178: 281-291.

Álvarez, A., Catalano, S.A., Amorosono, M.J. (2013). As estirpes resistentes a metais pesados estão disseminadas ao longo de Filogenia de *Streptomyces*. *Filogenética Molecular e Evolução*, 66:1083-1088.

Baker-Austin, C., Wright, M. S. , Stepanauskas, R. , J.V.McArthur, J.V. (2006). Co-selecção da resistência aos antibióticos e aos metais. *Tendências em Microbiologia, 14(4):* 176-182.

Baldiris, R., Acosta-Tapia, N., Montes, A., Hernández, J., Vivas-Reyes, R. (2018). Redução de Crómio Hexavalente e Detecção de Cromato-Redutase (ChrR) em *Stenotrophomonas maltophilia*. *Moléculas*, 23:408 doi:10.3390/molecules23020406

Chapman, P.M. Wang, F. Janssen, C. Persoone G., Allen, H.E. (1998). Ecotoxicology of metals in aquatic sediments binding and release, bioavailability, risk assessment, and remediation. *Pode. J. Fish. Aquat Sci.,* 55: 2221-2243.

Chen, J., Li, J., Zhang, H., Shi, W., Liu, Y. (2019). Genes Bacterianos de Resistência a Metal Pesado e Antibióticos numa Área de Barragem de Cauda de Cobre no Norte da China. *Frente. Microbiol.* 10:1916. doi: 10.3389/fmicb.2019.01916

Deng, X., Wang, P. (2012). Isolamento de bactérias marinhas altamente resistentes ao mercúrio e ao seu processo de bioacumulação. *Bioresource Technology*, 121: 342-347.

Dweba, C.C., Zishiri, O.T., El Zowalaty, M.E. 8 (2019) Isolamento e identificação molecular de genes de virulência, antimicrobianos e de resistência a metais pesados em *Staphylococcus aureus* resistente à meticilina associada a gado, *Pathogens*, 1-21.

Fierros-Romero, G., Gómez-Ramírez, M., Arenas-Isaac, G.E., Pless, R.C., Rojas-Avelizapa, N.G. (2016). Identification of *Bacillus megaterium* and *Microbacterium liquefaciens* genes involved in metal resistance and metal removal, *Can. J. Microbiol.*, 62: 505-513.

Hassan, S., H. A., Abskharon R. N. N., Gad El-Rab, S. M. F., Shoreit A. A. M. (2008). Isolamento, caracterização da estirpe resistente a metais pesados de Pseudomonas aeruginosa isolada de locais poluídos na cidade de Assiut, Egipto, *Journal of Basic Microbiology*, 48:168-176.

Hou, S., Zheng, N., Tang, L., Ji, X., Li, Y., Hua, X. (2018). Características da poluição, fontes e avaliação dos riscos para a saúde da exposição humana à poluição por Cu, Zn, Cd e Pb na poeira das ruas urbanas em toda a China entre 2009 e 2018. *Environment International*, 128, 430-437.

Jayanthi, B., Emenike C.U., Agamuthu, P., Khanom Simarani, Sharifah Mohamad, Fauziah, S.H. (2016). Selected microbial diversity of contaminated landfill soil of Peninsular Malaysia and the behavior towards heavy metal exposure, *Catena* 147: 25-31

Malik, A., Aleem, A. (2011). Incidência de resistência metálica e antibiótica em *Pseudomonas* spp. da água do rio, solo agrícola irrigado com águas residuais e águas subterrâneas. *Environ Monit Assess* 178: 293-308.

Mengoni, A. Barzanti, R. Gonnelli, C. Gabbrielli, R. Bazzicalupo, M. (2001). Characterization of nickel- resistant bacteria isolated from serpentine soil, *Environ. Microbiol.* , 3, 691–698.

Mohammadi, A.A., Zarei, A., Esmaeilzadeh, M., Taghavi, M., Yuosefi, M., Yousefi, Z., Sedighi, F., Javan, S. (2020) . Avaliação da Poluição por Metais Pesados e Avaliação dos Riscos para a Saúde Humana em Solos em torno de uma Zona Industrial em Neyshabur, Irão, *Biol Trace Elem Res,* 195, 343-352

Nies, D.H., 1999. Resistência microbiana a metais pesados. *Aplic. Microbiol. Biotecnol.* 51, 730–750.

Nithya, C., Pandian, S. K. (2010). Isolamento de bactérias heterotróficas de sedimentos de Palk Bay, mostrando tolerância a metais pesados e produção de antibióticos. *Investigação Microbiológica*, 165(7), 578-593.

Páginas, D., Rose, J., Conrod, S., Cuine, S., Carrier, P. (2008) Heavy Metal Tolerance in *Stenotrophomonas maltophilia. PLoS ONE* 3(2): e1539. doi:10.1371/journal.pone.0001539

Pereira, E.J., Ramaiah N. (2019). Potencial de desintoxicação cromatológica de *Staphylococcus* sp., Isolados de um estuário, *Ecotoxicol.* , 28: 457–466.

Raman, N., Asokan, M., Shobana, S. Sundari, N. (2018). Biorremediação de crómio (VI) por *Stenotrophomonas maltophilia* isolada dos efluentes dos curtumes. *Int. J. Environ. Sci. Technol.*

15: 207–216

Sair A.T., Khan, Z.A. (2017) Prevalência de resistência a antibióticos e metais pesados em bactérias gram-negativas isoladas de rios no norte do Paquistão, *Water Environ. J.*, 32: 51–57.

Schütze, E., Kothe, E. (2012). Interacções Bio-Geo em Solos Contaminados com Metal. In: Kothe, E., Varma, A. (Eds.), *Soil Biology* 31. Springer-Verlag, Berlin Heidelberg, pp. 163-182.

USEPA (2000) Introduction to phytoremediation (Introdução à fitorremediação). Agência de Protecção Ambiental dos Estados Unidos, Washington.

Vareda, J.P., Valente, A.J.M., Durães, L. (2019). Avaliação da poluição por metais pesados resultante de actividades antropogénicas e estratégias de remediação: Uma revisão. *Journal of Environmental Management*, 246, 101- 118.

Verma, G., Christy, N., Veer, C. (2017). Isolamento e Caracterização de Pseudomonas stutzeri como bactérias tolerantes ao chumbo de corpos de água de Udaipur, Índia usando a técnica de sequenciação 16S rDNA, J. *Pure Appl. Microbiol.*, 11: 975-979

Wuana, R. A., Okieimen, F. E. (2011). Metais pesados em solos contaminados: uma revisão das fontes, química, riscos e melhores estratégias disponíveis para a remediação. *ISRN Ecology*, *2011*.

Yamina, B., Tahar, B., & Laure, F. M. (2012). Isolamento e rastreio de bactérias resistentes a metais pesados a partir de águas residuais: Um estudo da co-resistência dos metais pesados e da resistência aos antibióticos. *Ciência e Tecnologia da Água: A Journal of the International Association on Water Pollution Research*, 66(10), 2041-8.

Yang, Q., Li, Z., Lu, X., Duan, Q., Huang, L., Bi, J. (2018). Uma análise da poluição do solo por metais pesados provenientes de regiões industriais e agrícolas na China: Poluição e avaliação de riscos. *Science of The Total Environment*, 642, 690-700.

Zainal Abidin, Z.A., Chowdhury, A.J.K. (2018). Metais Pesados e Bactérias de Resistência Antibiótica em Sedimentos Marinhos da Água da Costa de Pahang. *J. CleanWAS*, 2(1): 20-22.

Zainal Abidin, Z.A., Badaruddin, P.N.E., Chowdhury, A.J.K. (2020) Isolamento de bactérias resistentes a metais pesados de sedimentos lacustres de IIUM, *Dessalinização de Kuantan e Tratamento de Água* 188: 431-435.

TOLERÂNCIA À SALINIDADE E DESEMPENHO DE CRESCIMENTO DE

ASIAN SEABASS (Late calcarifer) JUVENILES

Kim Seng, Tan1, Mohammad Tajuddin Abd Manaf1, Najiah Musa1, Kok Leong, Lee1, Nadirah Musa1* [1 Faculdade] de Pescas e Ciência Alimentar, Universiti Malaysia Terengganu, 21030 Kuala Nerus, Terengganu
*autor correspondente: nadirah@umt.edu.my

ABSTRACT

O presente estudo visa determinar as taxas de tolerância e crescimento de juvenis de robalo asiáticos sujeitos a diferentes tipos de salinidades de água i.e. 0, 5, 10, 15, 20, 25 e 30ppt. Os peixes foram também submetidos a um estudo de desempenho de crescimento durante 15 dias. Não foi observada mortalidade durante o período experimental. Foi observado um desempenho de crescimento significativamente superior do ganho de comprimento total (TLG), ganho de peso total (TWG) e taxa de crescimento específico (SGR) a 0 e 25 ppt com 6,16 e 8,08%; 29,94 e 26,92% e 1,72 e 1,58%, respectivamente. Globalmente, os juvenis de robalo asiáticos criados a 0 ppt de salinidade durante 15 dias atingiram um melhor valor para o TWG e SGR quando comparados com 25 ppt. Portanto, a manipulação dos níveis de salinidade pode ser benéfica para a gestão da maternidade, a fim de aumentar a sobrevivência e produção do robalo asiático.

Palavras-chave: *calcarífero tardio*; tolerância à salinidade; desempenho de crescimento

INTRODUÇÃO

Durante as últimas décadas, o sector das pescas tem um grande potencial para fornecer uma importante fonte de proteínas à população malaia. Segundo a FAO (2018), a produção pesqueira total do país ascendeu a 1,7 milhões de toneladas, com o valor total das receitas de exportação de 714,1 milhões de USD em 2017. Em geral, a pesca pode ser dividida em duas componentes principais, i) a pesca de captura marinha, e ii) a aquicultura. No entanto, a pesca de captura é o sector que mais contribui para os desembarques de peixe, o que criou 88,3% da produção total em 2007, enquanto o restante provém da aquicultura (FAO, 2018).

Asian Seabass, *Lates calcarifer* localmente conhecido como "ikan siakap" é um membro tropical e sub-tropical da família Latidae of order Perciformes (Shadrin e Pavlov, 2015). Este peixe é amplamente distribuído em toda a região Indo-Oeste do Pacífico, desde o Golfo Arábico até ao sul da China, Papua Nova Guiné e norte da Austrália (Nelson, 1994). O preço do robalo asiático no mercado local subiu até RM16 por quilograma. A procura do robalo asiático é considerada elevada e é um dos peixes mais populares entre os malaios devido à sua fina textura e saborosa carne branca.

As *termas de calcaríferas* desovam durante todo o ano na natureza, com a época alta a ocorrer de Abril a Agosto. O peixe adulto é um carnívoro voraz, mas os juvenis são omnívoros (Kungvankil et al., 1985). Parecem necessitar de água salgada durante a época de desova, mas as larvas também podem ser encontradas em água doce. As larvas metamorfosearam-se para fritar a 8-10 mm, o que pode ser facilmente reconhecido pela mudança de cor das larvas de peixe de escuro para acastanhado e pelo aparecimento de riscas laterais distintas (Dhert, Laven & Sorgeloos, 1992); e mais tarde mudam para a fase de alevinos com 2 a 3 semanas de idade (20 mm).

A aquacultura especialmente de piscicultura de água salobra na Malásia tem potencial de desenvolvimento. Como tal, o robalo asiático é um importante peixe costeiro, estuarino e de água doce tem sido o alvo das espécies cultivadas pelos piscicultores locais, devido ao seu elevado valor de mercado e à sua rápida taxa de crescimento (FAO, 2018). No entanto, o sucesso da produção de sementes parte da disponibilidade de reprodutores saudáveis e da consistência da alta qualidade da produção de sementes em massa. Contudo, actualmente, a qualidade da semente do robalo asiático é inconsistente, enquanto que o fornecimento inadequado de sementes tem sido relatado, quer do meio selvagem quer da aquacultura (Nammalwar e Marichamy, 1998).

Vários processos fisiológicos nos peixes como o metabolismo, osmoregulação e biorritmo são afectados pela salinidade da água. Além disso, a salinidade afecta a distribuição, o crescimento e a taxa de sobrevivência do desenvolvimento dos peixes (Varsamos et al., 2005). Os peixes bony podem manter as salinidades ambientais dos seus fluidos corporais na homeostase iónica e osmótica através de processos que exigem energia dos mecanismos osmorreguladores (Sampaio e Bianchini, 2002). O crescimento é o resultado líquido positivo da energia fornecida pela ingestão de alimentos e das despesas metabólicas (Jobbling, 1994). Tem sido relatado que quando a salinidade está ao nível óptimo, a energia líquida pode ajudar a aumentar as taxas de crescimento dos peixes (Amni et al., 2015) e reduzir o trabalho osmótico (Estudillo et al., 2000). No entanto, apenas alguns estudos foram realizados para investigar a tolerância à salinidade do robalo asiático. Portanto, esta experiência foi conduzida para determinar a tolerância à salinidade e as taxas de crescimento de juvenis de robalo asiático (*Lates calcarifer*) submetidos a vários tratamentos de salinidade.

MATERIAIS E MÉTODOS

Fonte de jovens robalos marinhos asiáticos

O robalo asiático, juvenis de *calcaríferas tardias* (50 dias pós eclosão) foram comprados a um fornecedor local. Cada um dos juvenis foi medido para peso corporal e comprimento do corpo (peso corporal médio de 11,80 ± 3,75g; comprimento corporal médio de 10,26 ± 1,15cm). Foram feitas experiências na maternidade marinha, Unidade de Incubação, Faculdade de Pescas e Ciência Alimentar, Universiti Malaysia Terengganu.

Configuração experimental

A água do mar era armazenada nos reservatórios e filtrada através de filtros biológicos ou filtros rápidos de areia para manter a qualidade da água necessária. Foram preparadas diferentes águas salinizadas (5, 10, 15, 20 (controlo), 25 e 30 ppt) e diluídas com água doce e mantidas num aquário de vidro fechado. A água doce foi utilizada para 0 ppt. Catorze unidades de 54 litros de volume de aquário de vidro (60 cm × 30 cm × 30 cm de profundidade) foram preparadas e lavadas antes do início da experiência e enchidas com água de diferentes níveis de salinidade. O refractómetro foi utilizado para medir a salinidade da água utilizada. Além disso, foi colocado um arejamento suave no aquário para melhorar a circulação da água; e para fornecer oxigénio dissolvido continuamente.

Cento e quarenta juvenis saudáveis de robalo de tamanhos semelhantes foram transferidos para um tanque de armazenagem (210 cm × 120 cm × 74 cm de profundidade) de 350 L, cheio com água aerada de 20 ppt para aclimatação de 1 semana. À chegada, os peixes foram inicialmente esfomeados e submetidos a 10 ml de iodo de 5 ppm para tratamento inicial em 5 horas, e continuaram para a aclimatação com 20 ppt. Após 24h, os peixes foram alimentados duas vezes por dia com peletes de peixe marinho comercial (43% de proteína bruta, 6% de gordura bruta e 12% de humidade) a 2,0% de peso vivo.

Tolerância à salinidade

A primeira experiência foi conduzida para determinar o efeito da salinidade da água na taxa de sobrevivência dos juvenis de robalo asiáticos. Antes das experiências de salinidade, os juvenis morriam à fome durante 24h. O seu comprimento total (TL) e peso corporal (BW) foram registados. Foram preparados aquários de vidro de diferente salinidade da água; em réplicas. Um total de 70 juvenis foram igualmente distribuídos em 14 aquários (n=5) e mantidos durante 48 horas. Os peixes não foram alimentados durante as experiências, a mortalidade foi observada diariamente, e os peixes mortos foram removidos.

70

Efeito da salinidade no desempenho de crescimento

Não foi registada mortalidade durante os ensaios de tolerância à salinidade. Assim, foram utilizadas salinidades de água de 0, 5, 10, 15, 20 (controlo), 25 e 30 ppt para a experiência de desempenho de crescimento que durou 15 dias. As experiências foram conduzidas em réplicas (Amornsakun *et al.*, 2016). O comprimento total (TL) e o peso total (TW) de 70 peixes foram medidos e registados antes da experiência e no final do período de 15 dias. Setenta juvenis de robalo foram igualmente distribuídos em 14 aquários (n=5).

Os parâmetros de qualidade da água, tais como temperatura, salinidade, oxigénio dissolvido, pH e mortalidade foram registados diariamente. Os aquecedores de imersão foram utilizados para manter as temperaturas da água a 28 ± 1°C. Cada um dos aquários foi fornecido com aeração para manter os níveis de saturação de oxigénio dissolvido na gama de 60-70%. Durante a experiência, os juvenis foram alimentados duas vezes por dia a 2% do peso corporal com pellets de peixe marinho comercial. Fezes e resíduos de ração não consumidos eram diariamente extraídos dos aquários. Durante o período de 15 dias, um terço do volume de água foi substituído a cada 3 dias imediatamente antes do tempo de alimentação.

Após 15 dias, os peixes foram imobilizados, pesados, medidos em comprimento e cuidadosamente devolvidos ao seu aquário individual designado. Para cada peixe individual, a média do peso inicial e final (g), o ganho de peso total (%), o comprimento inicial e final (cm), o ganho de comprimento total (%), e a taxa de crescimento específico (SGR) foram registados e calculados de acordo com as fórmulas dadas:

I.   Ganho de comprimento total (TLG)
Percentagem de TLG (%) = [(L1- L0) ÷ L0] × 100
Onde, L0 = Média inicial do comprimento total (cm); L1 = Média final do comprimento total (cm)

II.   Ganho de peso total (TWG)
Percentagem de TWG (%) = = [(W1- W0) ÷ W0] × 100
Onde; W0 = Média inicial do peso corporal (g); W1 = Média final do peso corporal (g)

III.   Taxa de crescimento específico (SGR)
Ganho de peso específico (SGR) (%) = [(*ln* peso corporal final - *ln* peso corporal inicial) ÷ dia] × 100

Análise estatística

Os dados foram expressos como média ± SD e analisados por análise de variância unidireccional (ANOVA) e o teste de Tukey de comparações múltiplas foram usados para avaliação estatística post-hoc para o desempenho de crescimento dos peixes com o nível significativo foi fixado em $P < 0,05$. As análises estatísticas foram realizadas utilizando SPSS (20,0 para janelas). Todos os dados percentuais de ganho de comprimento total (TLG), ganho de peso total (TWG) e taxa de crescimento específico (SGR) foram transformados utilizando Arcsine antes da ANOVA.

RESULTADOS E DISCUSSÃO
Tolerância à salinidade de jovens AsianSeabass

Os resultados mostram que os juvenis do robalo asiático (Figura 1) conseguiram sobreviver em todos os tratamentos de salinidade e podem tolerar uma vasta gama de salinidade (de 0 a 30 ppt). A taxa de sobrevivência dos peixes é geralmente influenciada pela capacidade do fluido corporal de tolerar a osmolalidade do ambiente externo (Stickeney, 1979). É relatado que o robalo asiático é capaz de acumular metais pesados como o mercúrio (Currey et al., 1992), enquanto sobrevive sob várias condições fisiológicas e ambientais, incluindo salinidades variáveis, alta turbidez e temperaturas (Job, 2011; Rajaguru, 2002; Yue et al., 2009). Isto deve-se à maior taxa de câmbio, especialmente na brânquia, pele e intestino, responsáveis pela ingestão de água (Sarwono, 2004).

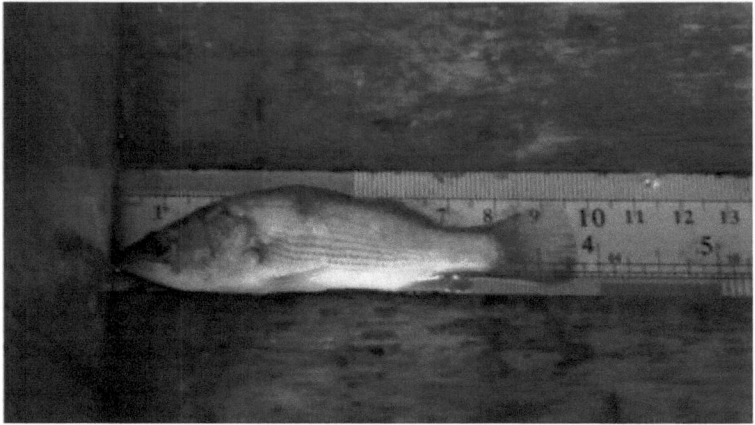

Fig. 1: Robalo Asiático (*calcarífero tardio*) da fase juvenil

A observação do comportamento dos peixes sob diferentes condições de salinidade da água foi também realizada no âmbito dos ensaios de tolerância à salinidade. O número de peixes a nadar com posição anormal, ou seja, quase 180° de inclinação do corpo com a cabeça apontada para baixo, (Figura 2) aumentou gradualmente de 0 a 10 ppt; com uma percentagem significativamente mais elevada (p<0,05) foi observada em 10 ppt com 30%, enquanto que nenhum dos peixes a nadar com posição anormal em 15 e 20 ppt (Figura 3). Contudo, a percentagem de peixes a nadar com posições anormais foi registada em 25 e 30 ppt com 10%. Esta posição anormal sugere que os peixes possivelmente estão a ter problemas relacionados com a flutuabilidade. É possível que a bexiga de natação não funcione correctamente devido à mudança drástica da qualidade da água, tal como a salinidade.

Fig. 2: Posição de natação anormal de juvenis de robalo asiático.

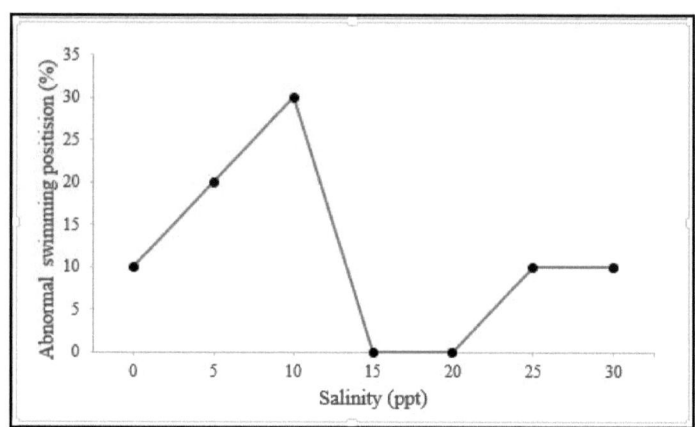

Fig. 3: Percentagem de juvenis de robalo asiáticos com posição de natação anormal em várias salinidades durante 48 horas (n=5).

Efeito de diferentes salinidades da água no desempenho de crescimento
O comprimento médio do corpo e o peso do robalo asiático em todas as salinidades aumentou no período de 15 dias (Quadro 1). O maior comprimento médio do corpo foi encontrado em 25ppt de salinidade; com 10,88±0,12cm e ganho de comprimento total (TLG) de 8,08 ± 1,81 %. Enquanto que a média mais baixa do comprimento do corpo foi encontrada em 10ppt, com 10,01 ± 0,2 cm de 1,94 ± 0,04 %. TLG foi significativamente superior (P<0,05) em 0 e 25 ppt.

Para o ganho de peso total (TWG), o peso corporal médio mais elevado foi encontrado em 0ppt e com 29,94 ± 14,33 %; enquanto a média mais baixa de peso foi observada em 15ppt, registada a 9,58 ± 2,75 %. Os TWG foram significativamente superiores (P<0,05) em 0, 10 e 25 ppt.

Para a taxa de crescimento específico (SGR), o valor mais alto foi obtido a 0 ppt com 1,71 ± 0,74 %/dia, enquanto o valor mais baixo de SGR foi obtido a 15 ppt com 0,61 ± 0,17 %/dia a 15ppt. Foi obtido um SGR significativamente superior (P>0,05) em 0, 10 e 25 ppt.

Tabela 1: Parâmetros de desempenho de crescimento, ganho de comprimento total (TLG), ganho de peso total (TWG) e taxa de crescimento específico (SGR) de juvenis de robalo asiático criados durante 15 dias com diferentes salinidades de água (n=5).

Salinidade (ppt)	0	5	10	15	20	25	30
TLG (%)	6.16 ± 3.29a	4.27 ± 0.31ab	1.95 ± 0.12c	1.94 ± 0.04c	3.13 ± 0.11b	8.08 ± 1.81a	3.04 ± 0.93b
TWG (%)	29.94 ± 14.33a	13.79 ± 8.54b	24.04 ± 10.13a	9.58 ± 2.75b	11.10 ± 3.71b	26.92 ± 10.21a	14.34 ± 8.40b
SGR (%/)	1.72 ± 0.74a	0.85 ± 0.50b	1.42 ± 0.54ab	0.61 ± 0.17b	0.70 ± 0.22b	1.58 ± 0.53a	0.88 ± 0.49b

* Dados apresentados como média ± desvio padrão (SD). [a,b,c] O superescrito diferente indica um valor diferente de significado dentro de uma linha semelhante (P<0,05)

Globalmente, o ganho de comprimento (TLG), ganho de peso total (TWG) e taxa de crescimento específico (SGR) para o robalo asiático é o melhor em 0 ppt em comparação com outras salinidades. O desempenho de crescimento dos peixes é afectado pela interacção genótipo-ambiente, tais como salinidade, fotoperíodo e temperatura (Kikuchi et al., 2007; Zahari et al., 2018) e pode também variar de acordo com a espécie, sexo e idade (Hepher, 1993; Dutta, 1994).Além disso, factores tais como qualidade e quantidade de alimentos, gestão e estado de saúde também desempenham papéis significativos. Na maioria das espécies de peixe, o crescimento é indeterminado (van Winkle et al., 1997), pelo que estes factores devem ser considerados aquando da criação de uma piscicultura para produzir peixe da melhor qualidade (Boeuf et al., 1999). Alguns estudos relataram uma melhor taxa de crescimento em condições de salinidade intermediárias, tais como água salobra, como foi relatado no salmão do Atlântico, truta arco-íris e dourada (Boeuf e Payan, 2001) possivelmente devido à estimulação hormonal, metabolismo mais lento, aumento da ingestão de ração e aumento da digestibilidade proteica (Kikuchi et al., 2007). Contudo, de acordo com Altinok e Grizzle (2001), algumas espécies de peixes juvenis mostraram um desempenho de crescimento inconsistente quando sujeitos a baixa salinidade devido a diferenças genéticas. A salinidade desvia a energia disponível da regulação osmótica para o crescimento dos peixes (Altinok, Grizzle, 2001). No entanto, a relação entre a salinidade e o desempenho de crescimento é complexa e não pode ser prontamente prevista (Iwama, 1996). Por exemplo, nos peixes de água doce, quanto maior a salinidade, maior a taxa de desenvolvimento nos peixes de água doce; ao contrário dos peixes marinhos, a menor salinidade da água, a maior taxa de crescimento relatada (Woo & Kell, 1995; Boeuf e Payan,2001).

CONCLUSÃO
Em conclusão, os juvenis de robalo asiáticos podem tolerar uma vasta gama de salinidade. No entanto, os juvenis criados a 0 ppt atingiram o melhor desempenho de crescimento registado no TWG e SGR, em comparação com 25 ppt. Os resultados são úteis para a gestão da maternidade, ao mesmo tempo que são capazes de aumentar o rendimento do robalo asiático, *calcarífero tardio*. É necessário um estudo mais aprofundado sobre o efeito da salinidade no comportamento de natação e no desempenho fisiológico do robalo asiático.

RECONHECIMENTO
Os autores gostariam de agradecer à Faculdade de Pescas e Ciência Alimentar, Universiti Malaysia Terengganu por ter providenciado as instalações necessárias.

REFERÊNCIAS

Altinok, I. e Grizzle, J.M. (2001). Effects of brackish water on growth, feed conversion and energy absorption efficiency by juvenile euryhaline and freshwater stenohaline fishes. *Journal of fish Biology*. **59**: 1142-1152.

Amni, R.O., Kawamura, G., Senoo, S. e Ching, F.F. (2015). Efeitos de diferentes salinidades no crescimento, desempenho alimentar e nível de cortisol plasmático em TGGG Híbrido (Garoupa Tigre, *Epinephelus fuscoguttatusx* e Garoupa Gigante, *Epinephelus lanceolatus*) juvenis. *International Research Journal of Biological Sciences*. **4**: 15-20.

Amornsakun, T., Vo, V.H., Petchsupa, N., Pau, T.M. e Hassan, A.B. (2017). Effects of water salinity on hatching of egg, growth and survival of larvae and fingerlings of snakehead fish, *Channa striatus*. *Songklanakarin Journal Science and Technology*. **39**:137-142.

Boeuf, G., Boujard, D. e Ruyet, J. P. L. (1999). Controlo do crescimento somático do pregado. *Journal of Fish Biology*. **55**: 128-147.

Boeuf, G. e Payan, P. (2001). Como deve a salinidade influenciar o crescimento do peixe? *Comparative Biochemistry and Physiology Part C: Toxicology and Pharmacology*. **130**: 411-423.

Boeuf. G. (2009). Aclimatação dos organismos aquáticos em cultura. *Pesca e Aquacultura-Volume IV*. n: Enciclopédia de Sistemas de Apoio à Vida, EOLSS UNESCO, no prelo. Pp: 175.

Currey, N.A., Benko, W.I., Yaru, B.T. e Kabi, R. (1992). Determinação de metais pesados, arsénico e selénio em Barramundi (*Lates calcarifer*) do Lago Murray, Papua Nova Guiné. *The Science of the Total Environment*. **125**: 305-320.

Dhert, P., P. Lavens & P. Sorgeloos. (1992). Avaliação de stress: um instrumento de controlo de qualidade de camarões e alevins produzidos em maternidades. Aquacult. Europa, **17**: 6-10.

Dutta H. (1994). Crescimento dos peixes. *Gerontologia (Índia)*. **40**:97-112

Estudillo, C.B., Duray, M.N., Marasigan, E.T. e Emata, A.C. (2000). Tolerância à salinidade das larvas do pargo vermelho do mangue (*Lutjanus argentimaculatus*) durante a ontogenia. *Aquacultura*. **190**: 155-167.

Estatísticas de pesca da FAO (2018). Pescarias e Aquicultura da Malásia. Departamento de Pesca e Aquacultura da FAO [online]. Disponível em: http://www.fao.org/fishery/facp/MYS/en[Acesso em 28 de Março de 2018].

Hepher, B. (1993). Crescimento. In: Hepher B, editor. Nutrição de Peixes de Lago. Cambridge: Universidade de Cambridge; pp. 163-191

Iwama, G.K. (1996). Crescimento dos salmonídios. In Principle of Salmonid Culture (Pennell, W. e Barton, B.A., eds). Amesterdão: Elsevier. Pp. 467-516

Job, S. (2011). Barramundi Aquacultura. *Avanços recentes e Novas Espécies na Aquacultura*. Pp. 199-229. Jobling, M. (1995). Bioenergética de peixes. *Revisão da Literatura Oceanográfica*. **9**: 785.

Kikuchi, K., Furuta, T., Ishizuka, H., e Yanagawa, T. (2007). Crescimento do puffer de tigre, *Takifugu rubripes*, em diferentes salinidades. *Journal of the World Aquaculture Society*. **38**:427-434.

Kungvankil, P., Tiro Jr, L.B., Pudadera Jr, B.J. e Potesta, I.O. (1985). Manual de Formação: Biology and Culture of Sea bass (*Lates calcarifer*). Departamento das Pescas e Aquacultura (FAO) [online]. Disponível em: http://www.fao.org/docrep/field/003/ac230e/AC230E02.htm#ch2[Acesso em [10] de Março de 2018].

Nammalwar, P. e Marichamy, R. (1998). Eclosão do robalo. Instituto Central de Investigação da Pesca Marinha, Kochi. Pp. 149-153.

Nelson, J. (1994). *Fishes of the World,* [3e] edição. John Wiley and Sons, Nova Iorque.

Rajaguru, S. (2002). Máximo crítico térmico de sete peixes estuarinos. *Journal of Thermal Biology*. **27**: 125-128.

Sampaio, L.A. e Bianchini, A. (2002). Efeitos da salinidade na osmoregulação e crescimento da solha euryhalina *Paralichthys orbignyanus*. *Journal of Experimental Marine Biology and Ecology*. **269**: 187-196.

Sarwono, H.A. (2004). Efeito da salinidade na capacidade osmoregulatória, consumo alimentar, eficiência alimentar e crescimento de juvenis de robalo (*Lates calcarifer* Bloch).

KasetsartUniversity.

Shadrin, A.M. e Pavlov, D.S. (2015). Desenvolvimento embrionário e larvar da *calcarífera tardia do* robalo asiático (Pisces: Perciformes: Latidae) em condições de controlo termostático. *Izvestiya Akademii Nauk, Seriya Biologicheskaya*. 4:401-414.

Sharpe, S. (2018). Desordem da bexiga natatória em peixes de aquário. O abeto [online]. Disponível em: https://www.thespruce.com/swim-bladder-disorder-in-aquarium-fish-1381230[Acesso em 16 de Abril de 2018].

Stickney, R.R. (1979). Princípios da aquacultura de águas quentes. *John Wiley and Sons*. Nova Iorque. Pp. 262- 314.

Varsamos, S., Nebel, C. e Charmantier, G. (2005). Ontogenia da osmoregulação em peixes pós-ventembriónicos: Uma revisão. *Comparative Biochemistry and Physiology Part A, CBP*. **141**: 401-429.

Van Winkle W, Shuter BJ, Holcomb BD, Jager HI, Tyler JA & Whitaker S (1997). Regulação da aquisição e atribuição de energia à respiração, crescimento e reprodução: modelo de simulação e exemplo utilizando truta arco-íris. In: História de Vida Inicial e Recrutamento em Populações de Peixes. Chambers RC & Trippel EA (eds.), pp. 103- 137. Londres, Reino Unido: Chapman & Hall

Woo, N. Y. S., & Kell, S. P. (1995). Efeito da salinidade e estado nutricional no crescimento e metabolismo de *Sparus sarba* num sistema fechado de água do mar. *Aquacultura*, **135**, 229-238.

Yue, G.H., Zhu, Z.Y., Lo, L.C., Wang, C.M., Lin, G., Feng, F., Pang, H.Y., Li, J., Gong, P., Liu, H.M., Tan, J., Chou, R., Lim, H. e Orban, L. (2009). Variação genética e estrutura populacional do robalo asiático (*Lates calcarifer*) na região da Ásia-Pacífico. *Aquacultura*. **293**: 22-28.

Zahari, Z., Christianus, A., e Ismail, M.F.S. (2018). Efeito da densidade populacional e da salinidade no crescimento e sobrevivência das fritas Anabas douradas. *Inquérito em Ciências das Pescas*. **4**: 26-37.

Revisão: Actinomycetes Diversidade e Capacidades Biossintéticas da Costa Leste da Água Costeira da Malásia Peninsular

Zaima Azira Zainal Abidin1*, Nurfathiah Abdul Malek

[1Dept.] de Biotecnologia, Kulliyyah da Ciência, Universidade Islâmica Internacional da Malásia

Autor correspondente: zzaima@iium.edu.my

ABSTRACT

Os actinomicetos são conhecidos como uma fonte eminente de antibióticos e uma vasta gama de compostos biológicos. A descoberta da estreptomicina de *Streptomyces* abriu caminho à exploração e exploração de actinomicetas para a descoberta de antibióticos e outros compostos importantes. Reconhecendo a perspectiva de actinomicetos na descoberta de produtos naturais, muitos investigadores na Malásia também tomaram a iniciativa de participar na exploração de actinomicetos a partir de ambientes locais. Esta análise resume e destaca a investigação conduzida sobre a diversidade de actinomicetas e o seu potencial biológico, particularmente da costa oriental da água costeira da Malásia peninsular, nomeadamente, Pahang, Terengganu e Kelantan.

Palavras-chave: actinomicetos, diversidade, actividades biológicas, águas costeiras

INTRODUÇÃO

Actinomycetes são bactérias Gram positivas, aeróbias e filamentosas comumente encontradas no solo. São conhecidos pela sua capacidade superior na produção de metabolitos secundários com amplas actividades biológicas. O género prolífico *Streptomyces, por exemplo,* é responsável por quase 70% dos antibióticos comercialmente disponíveis. No entanto, o rastreio extensivo de actinomycetes a partir da contraparte terrestre levou ao esgotamento da cultivar actinomycetes e diminuiu a probabilidade de encontrar novos metabolitos bioactivos devido à redescoberta de compostos conhecidos de produtores anteriormente isolados (Lam, 2006; Naikpatil e Rathod, 2011). Assim, a exploração de actinomicetos em locais inexplorados e subexplorados, tais como ambientes extremos e ambientes marinhos e a concentração em grupos de actinomicetos raros pode levar à novidade das espécies e eventualmente à novidade química (Goodfellow e Fiedler, 2010; Subramani e Aalbersberg, 2013). A distribuição de actinomicetos da Malásia tem sido estudada na cordilheira (Lo et al., 2002), solo de floresta tropical (Numata e Nimura, 2003), plantas medicinais (Zin et al., 2007), solos agrícolas (Jeffrey, 2008), ninhadas foliares (Muramatsu et al., 2011), pântanos de turfa (Jeffrey, 2011), solos de rizosfera (Ting et al., 2009) e composto (Ting et al., 2014). Os estudos concluíram uma grande diversidade de actinomicetos, mas com uma população dominante de *Streptomyces*. Foram também realizadas investigações sobre potenciais isolados bioactivos para actividades enzimáticas (Jeffrey et al., 2007; Ting et al., 2014), antibacterianas (Jeffrey e Halizah, 2014; Ting et al., 2014) e antifúngicas (Jeffrey e Halizah, 2014b), com resultados promissores que justificam uma investigação mais aprofundada. O estudo sobre a distribuição e biopotencial de actinomicetos do ambiente aquático costeiro da Malásia ainda é limitado, particularmente na Costa Leste da Malásia, o que o torna uma fonte proeminente para o estudo de isolamento e bioprospecção para o programa de descoberta de drogas. As águas costeiras incluem áreas de prateleiras, mares semi-fechados e fechados, embalsamamentos, estuários e zonas húmidas, beneficiando frequentemente de fluxos de nutrientes da terra e/ou também de afloramentos oceânicos que trazem à superfície água rica em nutrientes, proporcionando ambientes únicos para as bactérias marinhas. Além disso, o ambiente da água costeira também sofre várias flutuações de factores físicos tais como alta salinidade, alta pressão, pH ácido, temperatura extrema, criando um ambiente distinto para as bactérias marinhas, incluindo actinomicetos, para produzir metabolitos secundários únicos e novos. A Costa Leste da Malásia

Peninsular engloba três estados, nomeadamente, Pahang, Terengganu e Kelantan, todos eles banhados pelo Mar do Sul da China, a leste. As ilhas Perhentian e Redang em Terengganu, por exemplo, são famosas pelas suas ilhas e praias virgens que se apresentam como atracções turísticas. A costa leste da Malásia Peninsular possui um grande potencial como um novo recurso de actinomicetos altamente diversificados que podem ser explorados para a descoberta de produtos naturais. Esta análise discute o estado actual da investigação realizada sobre a diversidade de actinomicetos e as capacidades biossintéticas da Costa Leste da Península da Malásia.

Actinomycetes

O nome actinomycete deriva do grego antigo ἀκτίς *(aktís,* 'raio') e μύκης *(múkēs,* 'cogumelo ou fungo') após a formação do micélio e o crescimento da ponta hifálica impulsionado pela extensão. Os actinomicetos compreendem um grande e diverso grupo de bactérias Gram-positivas com elevada proporção de guanina e citosina (G+C > 55 % mol) no seu genoma. São aeróbicos, de crescimento lento e não móveis, geralmente caracterizados pela formação de filamentos ou hifas semelhantes a fios (Chaudhary et al., 2013; Goodfellow e Williams, 1983). Os actinomicetos desempenham um papel essencial no ciclo de nutrientes e mineralização de matérias orgânicas e no solo, especialmente na rizosfera (Murphy, 2007). Taxonomicamente, os actinomicetos estão incluídos na classe de Actinobactérias e na ordem dos Actinomycetales (Goodfellow e Fiedler, 2010). As actinomicetas compreendem 14 subordens, 44 famílias e mais de 200 géneros com mais de 3000 espécies de bactérias. Membros da ordem Actinomycetales têm sido reportados como um dos grupos taxa mais distribuídos no domínio Bactérias, com base no seu padrão de ramificação como inferido na árvore genética 16S rRNA (Ventura et al., 2007; Zhi et al., 2009). É de notar que a expressão actinobactérias se refere a membros do phylum Actinobacteria enquanto o termo actinomycetes se refere especificamente a estirpes classificadas sob a ordem Actinomycetales (Goodfellow e Fiedler, 2010). Os actinomicetos podem ser categorizados em dois grandes grupos: o grupo dominante e o grupo dos actinomicetos raros (Azman et al., 2015). Em habitat natural, *Streptomyces* e *Micromonospora* estão entre os géneros dominantes de actinomicetas (Genilloud et al. 2011) com mais de 900 e 140 espécies descritas respectivamente (www.bacterio.net). Por outro lado, os géneros incluindo *Actinoplanes*, *Dactylsporangium*, *Kineosporia*, *Microbispora* e *Virgosporangium* que têm taxas de isolamento mais baixas e são mais difíceis de cultivar devido ao seu crescimento extremamente lento são conhecidos como actinomycetes raros (Subramani e Sipkema, 2019; Subramani e Aalbersberg, 2013; Tiwari e Gupta, 2013).

Os actinomicetos são também conhecidos pela sua importância económica em resultado da sua grande diversidade metabólica. Têm sido explorados comercialmente para a produção de várias enzimas industriais incluindo amilase, celulose, xilanase, proteases e pectinase (Saini et al. , 2015). As enzimas produzidas por actinomicetos não só têm importância biotecnológica como podem ser rentáveis, uma vez que a sua produção pode ser realizada por substratos baratos. Os actinomicetos também possuem o potencial para aplicação na biorremediação do solo (Timkova et al. 2018), biotransformação e biodegradação de contaminantes como os pesticidas (Serrano-Gonzalez et al. 2018). Têm sido as fontes mais importantes de metabolitos secundários bioactivos, muitos dos quais têm importância médica como antibióticos, antivirais, antiparasitários, antimaláricos, antitumor e imunossupressores (Jose e Jha 2016; Demain e Sanchez, 2009). Só a *Streptomyces* Genus serve como o mais excelente produtor, que foi responsável por mais de 10, 400 metabolitos secundários antimicrobianos caracterizados, seguidos por estirpes de *Micromonospora* (Berdy, 2012). A capacidade das estirpes de *Streptomyces* para produzir compostos bioactivos, especialmente antibióticos, permanece incomparável, possivelmente devido ao seu complemento de ADN extra-grande (Kurtboke, 2012). Os actinomicetos raros representaram aproximadamente 26% dos compostos antimicrobianos com mais de 50 taxas de actinomicetas raras foram reportados como os produtores de 2.500 compostos antimicrobianos (Azman et al. 2015; Subramani e Aalbersberg, 2013). Os membros do género *Actinomadura, Actinoplanes, Saccharopolyspora* e *Streptoverticillium* são os produtores mais frequentes entre os grupos de actinomielite rara, cada um produz centenas de antibióticos (Subramani e Aalbersberg, 2013),

Isolamento selectivo de Actinomycetes
Um dos factores que influenciam o sucesso da obtenção de actinomicetos diversos reside no método de isolamento selectivo aplicado. Não é possível desenvolver um único procedimento para o isolamento de diferentes tipos de actinomicetos que habitam amostras ambientais específicas devido às suas diversas necessidades de incubação e crescimento (Goodfellow, 2010). Consequentemente, numerosas abordagens que incluem a utilização de procedimentos de pré-tratamento e meios de isolamento foram propostas para o isolamento de vastos grupos de actinomicetas taxa (Hames e Uzel, 2012). Vários pré-tratamentos podem ser utilizados para seleccionar diferentes fracções da comunidade de actinomicetos presentes em amostras ambientais (Zainal Abidin et al. 2015; Naikpatil e Rathod, 2011). Em geral, os regimes de pré-tratamento seleccionam para actinomicetas alvo eliminando o crescimento de microrganismos indesejáveis (Goodfellow e Fiedler, 2010; Goodfellow, 2010). Os esporos de actinomicetas são mais resistentes à dessecação do que outras bactérias. Assim, a secagem das amostras de sedimento à temperatura ambiente inibirá a colonização de bactérias indesejáveis que possam ultrapassar as placas de isolamento (Hong *et al.* , 2009). A resistência dos propágulos de actinomicetos à dessecação está geralmente associada à sua resistência ao calor. A principal razão para esta resistência ao calor não é clara, mas é evidente que o aquecimento antes da inoculação estimula a germinação de esporos de actinomicetas (Hames e Uzel, 2012). Foi relatado que muitos esporos de actinomicetas (por exemplo, *Micromonospora* e *Microbispora*), vesículas de esporos (por exemplo, *Streptosporangium* e *Dactylsporangium*) e fragmentos de hífalos (por exemplo, *Rhodococcus*) são mais resistentes ao calor do que os procariotas Gram-negativos (Hames e Uzel, 2012). Os procedimentos de pré-tratamento térmico geralmente levam a uma redução na proporção de bactérias indesejáveis em relação aos actinomicetos nas placas de isolamento, embora a contagem de actinomicetos possa também diminuir (Goodfellow, 2010). A utilização de pré-tratamentos químicos pode aumentar ainda mais a sua selectividade, como exemplificado pela aplicação de cloreto de benzetónio para o isolamento de actinomicetos raros (Bredholt et al., 2008).

Inúmeros meios de isolamento têm sido concebidos e propostos para o isolamento de actinomicetos. A maioria dos meios de isolamento foram formulados empiricamente, sem referência às preferências nutricionais dos organismos alvo. A maioria deles tem uma elevada relação carbono/nitrogénio, uma vez que contêm fontes complexas de carbono e azoto (por exemplo, amido, extracto de malte, ácido húmico, caseína e xilano) (Hames e Uzel, 2012). Estes meios de isolamento favorecem o crescimento de actinomicetos em relação às bactérias comuns que são incapazes de metabolizar os polímeros orgânicos de elevado peso molecular. Os agentes antimicrobianos, notavelmente atidiona, cicloheximida, nistatina e primarina proporcionam uma abordagem eficaz para aumentar a selectividade dos meios de isolamento (Liu et al. 2019; Khanna *et al.* , 2011). A utilização destes antibióticos pode ser considerada como uma prática padrão para reduzir o crescimento de contaminantes fúngicos. A imitação do habitat natural é um dos critérios importantes para o isolamento bem sucedido dos actinomicetos do ambiente natural (Goodfellow e Fiedler, 2010). A preparação de meios de isolamento utilizando água do mar natural pode ser crucial para o isolamento selectivo de actinomicetos derivados do mar (Mincer et al., 2002; Zainal Abidin et al. 2015).

Genes biossintéticos
Uma vasta gama de compostos biologicamente activos com aplicações agrícolas, medicinais e biotecnológicas são regidos principalmente por 2 genes biossintéticos notavelmente conhecidos como politases não ribo-sintéticas (NRPS) e politases de tipo I (PKS-I) (Ayuso-Sacido e Genilloud, 2005; Gontang et al. , 2010). Estes metabolitos bioactivos estruturalmente diversos incluem antibióticos (por exemplo, eritromicina, nistatina, penicilina e vancomicina), agentes antitumorais (por exemplo, ansamitocina e bleomicina) e agentes imunossupressores (por exemplo, rapamicina). Tanto as vias biossintéticas NRPS e PKS-I têm sido amplamente relatadas não só em actinomicetos, mas também em cianobactérias (Fidor et al., 2019) e em fungos filamentosos (Theobald et al. 2019). Estruturalmente, tanto NRPS como PKS-I são polipéptidos multifuncionais que são codificados por um número variável de módulos com múltiplas actividades enzimáticas. Cada módulo PKS-I contém 3 domínios correspondentes a uma ketosinthase, acyltransferase e proteínas transportadoras de acyl.

Estes domínios desempenham um papel importante numa síntese programada de novas cadeias de polietideos. Da mesma forma, os módulos NRPS codificados correspondem às etapas de adenilação, condensação e tiolação no reconhecimento e condensação do substrato. O gene NRPS sintetiza metabolitos que apresentam um espectro notável de actividades que foram construídas a partir de blocos de construção seleccionados individualmente (Jimenez et al., 2010). Os compostos sintetizados pelos genes NRPS são frequentemente cíclicos na estrutura e podem ser distinguidos pela presença de ácidos D-aminoácidos ramificados nãoteinogénicos (Miller *et al.*, 2016).

A anotação de grupos de genes biossintéticos complementaria os dados do bioensaio, permitindo a manipulação das condições de culto para estimular a expressão do metabolito bioactivo (Jimenez et al., 2010). A previsão de metabolitos bioactivos através da extracção do genoma de *Salinispora tropica* leva ao isolamento e identificação de Salinilactam A (Udwary et al., 2007), e da mesma forma, a extracção do genoma de duas estirpes diferentes de *Streptomyces* que têm um cluster de genes biossintéticos semelhante leva à descoberta de 3 novos politrócitos (Banskota *et al.*, 2006). A extracção do genoma de uma estirpe rara de actinomielite marinha *Streptosporangium* levou à descoberta de polifenóis pentangulares hexaricinas A-C (Tian et al. 2016). Assim, a pesquisa de actinomicetos para genes biossintéticos NRPS e PKS-I pode ser útil para determinar um possível potencial dos materiais biológicos (Liu et al. 2019; Zainal Abidin et al. 2018). Resultados positivos num rastreio baseado em PCR não só fornecem provas da produção de metabolitos correspondentes, mas também podem indicar a existência de outras vias metabólicas de síntese de metabolitos secundários (Ayuso-Sacido e Genilloud, 2005; Lee et al. 2014). Contudo, a falta de fragmentos de genes detectáveis não prova definitivamente a ausência dos respectivos grupos de genes biossintéticos, uma vez que também existem outros metabolitos e outras vias biossintéticas que existem como reflectidos nos genomas actinomycetes (Kouadri et al. 2014; Zainal Abidin et al. 2018).

Diversidade e bioactividade de actinomicetos de Pahang, Terengganu e Kelantan
Entre todos os três estados, Pahang foi o mais prolífico em termos de investigação feita sobre actinomicetos de ambientes aquáticos costeiros. Um dos locais de investigação de actinomycetes é o mangue de Tanjung Lumpur, na cidade de Kuantan. Aplicação de pré-tratamentos selectivos em amostras de sedimentos de mangais utilizando uma solução de fenol (1.5%, 30 min em 30°C) ou calor húmido em água esterilizada (15 min em 50°C) levou à recuperação de *Streptomyces, Mycobacterium, Leifsonia, Microbacterium, Sinomonas, Nocardia, Terrabacter, Streptacidiphilus, Micromonospora, Gordonia,* e *Nocardioides* deste local, juntamente com vários géneros e espécies novas possíveis (Lee et al. 2014a). Além disso, a detecção de PKS-I, PKS-II e NRPS, e a avaliação da actividade antimicrobiana foram também conduzidas em actinomicetos isolados. Vários actinomicetos mostraram a presença de pelo menos um gene biossintético (PKS-I/PKS-II/NRPS) testado e verificou-se que uma espécie de *Nocardia Africana* que está intimamente relacionada com *Nocardia Africana* contém todos os genes biossintéticos (PKS-I, PKS-II, e NRPS). Alguns isolados de *Streptomyces* exibiram actividade antibacteriana contra *S. aureus* resistente à meticilina (MRSA) e um isolado de *Streptomyces* em particular exibiu um largo espectro de actividade antimicrobiana que representava uma espécie nova chamada *Streptomyces pluripotens* sp. nov. (Lee et al. 2014b). Assim, foram descritos dois géneros novos, nomeadamente *Mumia flava* gen. nov. sp. nov (Lee et al. 2014c), e *Monashia flava* gen. nov., sp. nov. (Azman et al. 2016), seguido da descrição de várias espécies novas - *Microbacterium mangrovi* sp. nov. (Lee et al. 2014d), *Sinomonas humi* sp. nov (Lee et al. 2015), *Streptomyces gilvigriseus* sp. nov (Ser et al. 2015a), *Streptomyces mangrovisoli* sp. nov. (Ser et al. 2015b), *Streptomyces antioxidans* sp. nov. (Ser et al. 2016a), *Streptomyces malaysiense* sp. nov. (Ser et al. 2016b) e *Streptomyces humi* sp. nov. (Zainal et al. 2016). Na sequência da descoberta de actinomicetas raras inovadoras deste local, foi realizado um rastreio sobre actividades antibacterianas, anticancerígenas e neuroprotectoras em *Microbacterium mangrove, Sinomonas humi* e *Monashia flava* com descobertas notáveis. Extractos metanólicos de *M. mangrove, S. humi* e *M. flava* exibiram efeitos bacteriostáticos enquanto o extracto de *M. mangrove* demonstrou propriedades neuroprotectoras significativas em modelos de stress oxidativo e demência. Além disso, o extracto de *M. flava* foi capaz de proteger as células neuronais de SHSY5Y no modelo de hipoxia. Além disso, os extractos de *M. mangrovi* e *M. flava* demonstraram

81

efeitos anticancerígenos contra as linhas celulares do carcinoma cervical humano (Ca Ski) (Azman et al. 2017). Investigações adicionais sobre o extracto de *Streptomyces gilvigriseus* indicaram actividade antioxidante significativa e efeito citotóxico contra as linhas celulares do cancro do cólon e esta actividade pode ser atribuída a dipeptídeos cíclicos presentes no extracto (Ser et al. 2018).

Da mesma forma, Mohamad et al. (2015) identificaram 6 *Streptomyces*, 2 *Micromonospora* e 2 *Rhodococcus* com uma *Streptomyces* exibindo uma ampla actividade antimicrobiana de Tanjung Lumpur incluindo várias bactérias patogénicas - *K. pneumoniae*, *S. thypimurium* e *S. pyogenes*. O programa de bioprospecção de actinomicetos em 7 locais da floresta de mangue de Kuantan revelou uma grande diversidade de actinomicetos com elevadas propriedades antimicrobianas. Embora os géneros *Streptomyces* e *Micromonospora* dominassem a população de actinomycetes, outros grupos de actinomycetes que pertenciam a actinomycetes raros foram também atingidos. Os membros dos géneros raros isolados com sucesso incluem *Pseudonocardia* sp., *Verrucosispora* sp., *Nocardiopsis* sp., *Actinophytocola* sp., *Dietzia* sp., *Gordonia* sp., *Micrococcus* sp., *Mycobacterium* sp, *Nocardia* sp., *Saccharopolyspora* sp. e *Rhodococcus* sp. Cepas raras de actinomycetes - *Pseudonocardia* sp., *Nocardiopsis* sp. e *Actinophytocola sp.* também demonstraram actividades antimicrobianas a par Estirpes de *Streptomyces* (Abdul Malek et al. 2015, Zainal Abidin et al. 2018). Para além de *Streptomyces* e *Micromonospora* isolados mostrando a presença de genes PKS-I e/ou NRPS nos mesmos, vários actinomicetos raros - *Actinophytocola, Gordonia, Pseudonocardia, Rhodococcus* e *Verrucosispora* também mostraram observação semelhante.

Um isolado de particular interesse, *Actinophytocola* sp. K4-08 que foi recuperado através de pré-tratamento com calor seco 120°C, 60 min em meio ISP4. Esta actinomycete estava intimamente relacionada com *A. sediminis* (99% de semelhança) que foi anteriormente encontrada no sedimento do mar profundo do Mar do Sul da China. Este isolado possuía genes biossintéticos NRPS e PKS-I e apresentava uma actividade antimicrobiana promissora contra os organismos de teste. A avaliação das actividades antimicrobianas e das capacidades biossintéticas do género *Actinophytocola* nunca foi relatada antes de tornar este isolado como um candidato promissor a ser explorado para a descoberta de produtos naturais. Além disso, foram encontrados vários actinomicetos para produzir pigmentos difusíveis coloridos (Figura 1). A produção de pigmento difusível está normalmente relacionada com a libertação de melanina no meio e os pigmentos desempenham papéis significativos na sobrevivência e crescimento dos actinomicetos (Parungao et al. 2007). Ocasionalmente também foram relatados outros pigmentos de cor como o amarelo, verde e azul e por vezes estes pigmentos estão a exibir actividades antimicrobianas. Além do castanho e preto como pigmento difusível comum obtido de actinomicetos, foram relatados no seu estudo pigmentos difusíveis de azul, laranja, rosa, púrpura e amarelo. Além disso, o extracto de acetato de etilo do pigmento roxo possuía uma forte actividade inibitória contra *B. subtilis*, *S. aureus* e *S. marcescens*.

O próximo local em Pahang é a Ilha Tioman, rodeada pelo Mar do Sul da China e considerada uma fonte inexplorada de actinomicetos marinhos raros. Sabaratnam et al. (2008) relataram diversos actinomicetos isolados de esponjas marinhas recolhidas na Ilha de Tioman e identificaram putativamente isolados seleccionados como *Actinoplanes* spp., *Micromonospora* spp., *Nocardia* spp., *Polymorphospora* spp., *Pseudonocardia* spp., *Rhodococcus* spp, *Saccharomonospora* spp., *Salinispora* spp., *Sprilliplanes* spp. e *Verrucosispora* spp. Num estudo mais recente realizado por Ng e Tan (2018) sobre os sedimentos marinhos recolhidos no Recife dos Piratas, Ilha Tioman, as análises das sequências do gene 16S rRNA indicaram relações estreitas com membros de 18 géneros: *Actinomadura, Agromyces, Jishengella, Marinactinospora, Micromonospora, Mycobacterium, Nocardia, Nocardiopsis, Nonomuraea, Plantactinospora, Pseudonocardia, Rhodococcus, Saccharomonospora, Saccharopolyspora, Salinispora, Streptomyces,* e *Streptosporangium*. Além disso, quase metade dos isolados recuperados foram *Streptomyces* spp. (47,97%) e *Salinispora* spp. (23,58%), respectivamente. A isto seguiu-se a descrição do novo género *Marinitenerispora sediminis* gen. nov., sp. nov e esta bactéria também possuía actividade inibitória contra B. *subtilis, S. aureus* e *E. coli* (Ng et al. 2019). Outra investigação actinomycetes realizada por Zainal Abidin (2013) relatou a ocorrência de *Streptomyces* e *Salinispora* isolados dos sedimentos marinhos da Ilha Tioman (Figura 2). Os isolados de *Streptomyces apresentam uma* forte actividade antimicrobiana e os isolados de *Salinispora* apresentam uma forte actividade antibacteriana contra MRSA patogénico. Um determinado isolado de *Streptomyces* foi capaz de tolerar até 12% de NaCl, indicando a sua adaptação ao ambiente marinho. A Ilha de Tioman parece ser o ponto de encontro para as estirpes de *Salinispora*, como demonstrado por vários estudos que indicam a presença deste obrigatório actinomicetos marinhos como actinomicetos indígenas no sedimento marinho da Ilha de Tioman. Outro local em Pahang é Cherating, onde Ariffin et al. (2017) isolaram com sucesso *Streptomyces* da área de mangais aqui localizada. Estudos extensivos sobre actinomicetos nas localidades de Pahang, juntamente com a recuperação de actinomicetos raros e a descrição de novos géneros e espécies, exemplificam ainda mais o verdadeiro potencial da água costeira de Pahang como novos recursos de actinomicetos com capacidades biossintéticas.

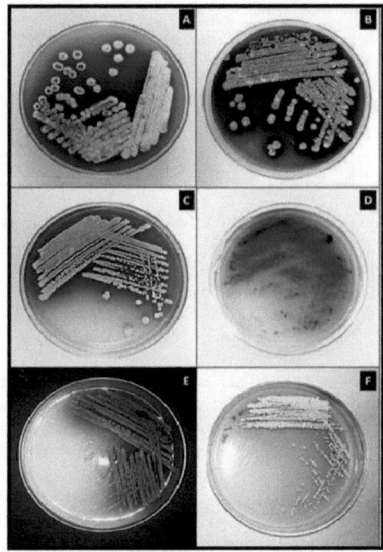

Fig. 1: Pigmento difusível colorido de actinomicetos da Floresta do Mangue de Kuantan

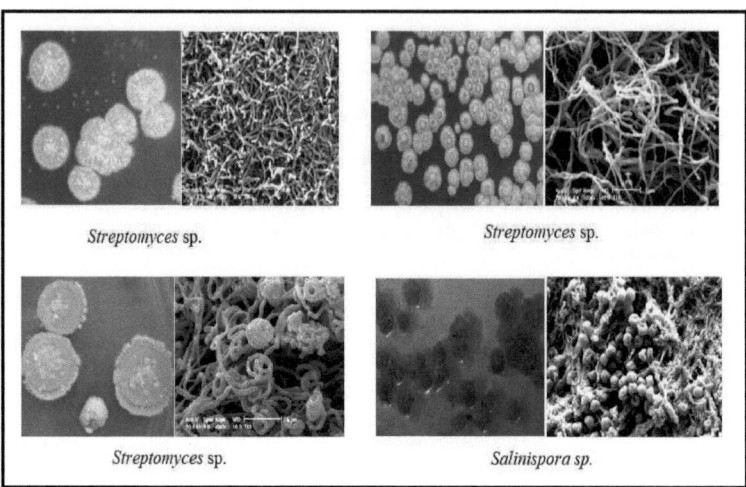

Fig. 2: Morfologias das colónias e micrografias SEM de actinomicetos da ilha de Tioman

No entanto, foram realizados poucos estudos sobre actinomicetos de águas costeiras de Terengganu e Kelantan. Ariffin et al. (2017) isolaram um total de 11 actinomicetos isolados da praia de Chendering em Terengganu e

7 actinomicetos de sedimentos de mangais na praia de Tok Bali, Kelantan embora as suas identidades não estivessem determinadas. Outro local em Terengganu é a Ilha Bidong. Esta ilha era anteriormente um campo de refugiados para vietnamitas e abriu-se aos turistas depois de todos os refugiados terem sido repatriados para o Vietname. Recentemente, bactérias cultiváveis associadas a diferentes espécies de esponjas marinhas recolhidas junto à Ilha de Bidong recuperaram *Brevibacterium* e *Kytococcus* entre a população de bactérias identificadas (Tan et al. 2018). Em seguida, um estudo centrado nas bactérias associadas ao muco de *Acropora cervicornis* coral também na Ilha de Bidong recuperou *Actinomyces, Micrococcus varians, Micrococcus roseus* e *Micrococcus* sp. juntamente com outros grupos de bactérias (Kalimuthu et al. 2007). Certamente, existem outras investigações dirigidas ao isolamento e diversidade de actinomicetos nos estados de Kelantan e Terengganu, mas ainda por relatar. Inquestionavelmente, as águas costeiras localizadas em Kelantan e Terengganu têm a perspectiva de serem novos recursos de actinomicetos com compostos potencialmente novos apenas à espera de serem explorados e descobertos. O Quadro 1 resumiu a diversidade de actinomicetos e as suas bioactividades de acordo com cada estado - Pahang, Terengganu e Kelantan. De facto, as águas costeiras da costa oriental da Malásia peninsular possuem o potencial a ser explorado como um novo recurso de actinomicetos. Talvez, um esforço concertado e estratégico de vários grupos de investigação especialmente sobre bioprospecção de actinomicetos nestes locais possa produzir novas estirpes e levar à descoberta de compostos bioactivos únicos.

Quadro 1: Resumo dos actinomicetos das águas costeiras de Pahang, Terengganu e Kelantan

Estado	Género	Bioactividade	Referência
	Tanjung Lumpur *Streptomyces, Mycobacterium, Leifsonia, Microbacterium, Sinomonas, Nocardia, Terrabacter, Streptacidiphilus, Micromonospora, Rhodococcus, Gordonia, Nocardioides, Mumia flava, Monashia flava*	Actividades antibacterianas, anticancerígenas, antioxidantes, neuroprotectoras	Lee et al. (2014a); Lee et al. (2014b); Lee et al. (2014c); Lee et al. (2014d); Azman et al. (2016); Mohamad et al. (2015); Ser et al. (2015a); Ser et al. (2015b); Ser et al. (2016a); Ser et al. (2016b); Zainal Abidin et al. (2016); Azman et al. (2017); Ser et al. (2018)
Pahang	**Floresta do Mangue de Kuantan** *Pseudonocardia, Verrucosispora, Nocardiopsis, Actinophytocola, Dietzia, Gordonia, Micrococcus, Mycobacterium, Nocardia, Saccharopolyspora, Rhodococcus, Pseudonocardia, Nocardiopsis, Actinophytocola* **Ilha Tioman** *Actinoplanes, Micromonospora, Nocardia, Polymorphospora, Pseudonocardia,*	Antimicrobiano	Abdul Malek et al. (2015); Zainal Abidin et al. (2018)
	Rhodococcus, Saccharomonospora, Salinispora, Sprilliplanes, Verrucosispora, Actinomadura, Agromyces, Jishengella, Marinactinospora, Mycobacterium, Nocardiopsis, Nonomuraea, Plantactinospora, Saccharopolyspora, Streptosporangium, Streptomyces, Marinitenerispora sediminis **Cherating** *Streptomyces*	Antimicrobiano Antibacteriano	Sabaratnam et al. (2008); Zainal Abidin (2013); Ng & Tan (2018); Ng et al. (2019) Ariffin et al. (2017)

Ilha de Bidong		
Brevibacterium, Kytococcus, Actinomyces, Micrococcus	Não determinado	Kalimuthu et al. (2007); Tan et al. (2018)

Terengganu

<u>**Chendering**</u>		
Desconhecido	Antibacteriano	Ariffin et al. (2017)

Kelantan	<u>**Tok Praia de Bali**</u>	
	Desconhecido	Não determinado	Ariffin et al. (2017)

CONCLUSÃO

A descrição do novo género e das novas espécies de águas costeiras da Costa Leste da Malásia Peninsular demonstrou a perspectiva dos actinomicetos das águas costeiras de Pahang, Terengganu e Kelantan e a possível aplicação potencial na descoberta de produtos naturais. Embora ainda faltem estudos sobre actinomicetos destes estados, no entanto, estes locais têm a perspectiva de serem pontos de referência para novos actinomicetos e novos compostos. A investigação sobre actinomicetos deve ir além da diversidade e das actividades de rastreio biológico, mas tentar na purificação e elucidação da estrutura dos compostos bioactivos, bem como embarcar em novas vias, tais como a mineração do genoma, sequenciação da próxima geração (NGS), metabolómica e proteómica para revelar caminhos biossintéticos crípticos na produção de metabolitos secundários.

REFERÊNCIAS

Abdul Malek, N., Zainuddin, Z., Chowdhury, A.J.K., Zainal Abidin, Z.A. (2015). Diversidade e actividade antimicrobiana de actinomicetos de solo de mangue isolados de Tanjung Lumpur, Kuantan, *Jurnal Teknologi,* 77(25), 37-43.

Ariffin, S., Abdullah, M.F.F., Mohamad, S.A.S. (2017). Identificação e Propriedades Antimicrobianas dos Actinomycetes do Mangue da Malásia, *Int. J. on Advanced Science Engineering Information Technology,* 7(1), 71-77.

Ayuso-Sacido, A. e Genilloud, O. (2005). Novos Primers PCR para o rastreio dos sistemas NRPS e PKS-I em actinomicetos: detecção e distribuição destas sequências de genes biossintéticos nos principais grupos taxonómicos, *Microbial Ecology*, 49, 10-24.

Azman, A. S., Iekhsan, O., Velu, S. S., Chan, K. G. e Lee, L. H. (2015). Actinobactérias raras do mangue: taxonomia, composto natural, e descoberta da bioactividade, *Fronteiras em Microbiologia*, 6, 85601- 85615.

Azman, A. S., Zainal, N., Ab Mutalib, N.S., W.F. Chan, K. G. e Lee, L.H. (2016). *Monashia flava* gen. nov., sp. nov., an actinobacterium of the family Intrasporangiaceae, *Int J Syst Evol Microbiol*, 66, 554-561.

Azman, A. S., Othman, I., Fang, C.M., Chan, K. G., Goh, B.H., Lee, L.H. 2017. Actividades Antibacterianas, Anticancerígenas e Neuroprotectoras de Actinobactérias Raras de Solos Florestais de Mangue, *Indian J Microbiol*, 57(2),177-187.

Berdy, J. (2005). Bioactive microbial metabolites, *The Journal of Antibiotics*, 58,1-26.

Bredholt, H., Fjaervik, E., Johnsen, G. e Zotchev, S. B. (2008). Actinomycetes de sedimentos em Trondheim Fjord, Noruega: diversidade e actividade biológica, *Drogas Marinhas*, 6, 12-24.

Chaudhary, H. S., Soni, B., Shrivastava, A. R. e Shrivastava, S. (2013). Diversity and versatility of actinomycetes and its role in antibiotic production, *Journal of Applied Pharmaceutical Science*, 3: S83-S94.

Demain, A. L. e Sanchez, S. (2009). Descoberta de drogas microbianas: 80 anos de progresso. *The Journal of Antibiotics*, 62: 5-16.

Fidor, A., Konkel, R. e Mazur-Marzec, H. (2019). Peptídeos Bioactivos Produzidos por Cianobactérias do Género Nostoc: A Review, *Mar. Drogas,* 17, 561 doi:10.3390/md17100561

Genilloud, O., Gonzalez, I., Salazar, O., Martin, J., Tormo, J. R. e Vicente, F. (2011). Current approaches to exploit actinomycetes as a source of natural products, *Journal of Industrial Microbiology and Biotechnology*, 38, 375-389.

Gontang, A. E., Gaudencio, S. P., Fenical, W. e Jensen, P. R. (2010). Sequence-based analysis of secondary-metabolite biosynthesis in marine actinobacteria, *Applied and Environmental Microbiology*, 76, 2487-2499.

Goodfellow, M. (2010). Isolamento selectivo de Actinobactérias. *Em* Baltz, D. R. H. e Davies, J. (Eds.), *Manual de Microbiologia Industrial e Biotecnologia*. (3^a ed., pp. 13-27). Washington DC: ASM Press.

Goodfellow, M. e Fiedler, H. P. (2010). A guide to successful bioprospecting: informed by actinobacterial systematics, *Antonie Van Leeuwenhoek*, 98, 119-142.

Goodfellow, M. e Williams, S. T. (1983). Ecology of actinomycetes, *Annual Review of Microbiology*, 37, 189-216.

Hames, E. E. e Uzel, A. (2012). Isolation strategies of marine-derived actinomycetes from sponge and sediment samples, *Journal of Microbiological Methods*, 88, 342-347.

Hong, K., Gao, A. H., Xie, Q. Y., Gao, H., Zhuang, L., Lin, H. P., Yu, H. P., Li, J., Yao, X. S., Goodfellow, M. e Ruan, J. S. (2009). Actinomycetes para descoberta de drogas marinhas isoladas de solos e plantas de mangais na China, *Drogas Marinhas*, 7, 24-44.

Jeffrey, L. S. H., Sahilah, A. M., Son, R. e Tosiah, S. (2007). Isolation and screening of actinomycetes from Malaysian soil for their enzymatic and antimicrobial activities, *Journal of Tropical Agriculture and Food Science*, 1, 159-164.

Jeffrey, L. S. H. (2008). Isolamento, caracterização e identificação de actinomicetos de solos agrícolas em Semongok, Sarawak. *African Journal of Biotechnology*, 7, 3697-3702.

Jeffrey, L. S. H. (2011). Presecreening of bioactivities from actinomycetes isolated from forest peat soil of Sarawak, *Journal of Tropical Agriculture and Food Science*, 39, 245-253.

Jeffrey, L. S. H. e Halizah, H. (2014). Compostos biológicos activos de actinomicetos isolados do solo da ilha de Langkawi, Malásia, *African Journal of Biotechnology*, 13, 4523-4528.

Jimenez, J. T., Sturdikova, M. e Sturdik, E. (2010). Bioactive marine and terrestrial polyketide and peptide secondary metabolites and perspectives of their biotechnological production, *Acta Chimica Slovaca*, 3, 103-119.

Jose, P.A. e Jha, B. (2016). Novas Dimensões da Investigação sobre Actinomycetes: Quest for Next Generation Antibiotics, *Front. Microbiol.* 7:1295. doi: 10.3389/fmicb.2016.01295.

Kalimutho, M., Ahmad, A. e Kassim, Z. (2007). Isolamento, Caracterização e Identificação de Bactérias associadas ao Mucus de *Acropora cervicornis* Coral da Ilha de Bidong, Terengganu, Malásia, *Revista Malaia de Ciência* 26 (2), 27 - 39.

Khanna, M., Solanki, R. e Lal, R. (2011). Selective isolation of rare actinomycetes producing novel antimicrobial compounds, *International Journal of Advanced Biotechnology and Research*, 2, 357- 375.

Kouadri, F.; Al-Aboudi, A., e Jorani, H.K., (2014). Antimicrobial activity of Streptomyces sp. isolated from the Gulf of Aqaba-Jordan and screening for NRPS, PKS-I and PKS-II genes, *African Journal of Biotechnology,* 13(34), 3505-3515

Kurtboke, D. I. (2012). Biodiscovery from rare actinomycetes: an eco-taxonomical perspective, *Applied Microbiology and Biotechnology*, 93, 1843-1852.

Lam, K. S. (2006). Discovery of novel metabolites from marine actinomycetes, *Current Opinion in Microbiology*, 9, 245-251.

Lee, L. H., Nurullhudda, Z. Adzzie-Shazleen, A., Eng, S. K., Goh, B. H., Yin, W. F., Nurul-Syakima, A. M. e Chan, K. G. (2014a). Diversity and antimicrobial activities of actinobacteria isolated from tropical mangrove sediments in Malaysia, *The Scientific World Journal*, 10, 1-14.

Lee, L. H., Nurullhudda, Z. Adzzie-Shazleen, A., Eng, S. K., Nurul-Syakima, A. M., Yin, W.F. e Chan, K. G. (2014b). *Streptomyces pluripotens* sp. nov., um estreptomycete produtor de bacteriocina que inibe o *Staphylococcus aureus* resistente à meticilina, *Int J Syst Evol Microbiol*, 64, 3297-3306.

Lee, L. H., Nurullhudda, Z. Adzzie-Shazleen, A., Nurul-Syakima, A. M., Hong, K. e Chan, K. G. (2014c). *Mumia flava* gen. nov., sp. nov., an actinobacterium of the family Nocardioidaceae, *Int J Syst Evol Microbiol* 64: 1461-1467.

Lee, L. H., Adzzie-Shazleen, A., Nurullhudda, Z. Eng, S.K., Nurul-Syakima, A. M., Yin, W.F. e Chan, K. G. (2014). *Microbacterium mangrovi* sp. nov., uma actinobactéria amilolítica isolada de solo de manguezal, *Int J Syst Evol Microbiol* 64, 3513-3519.

Lee, L. H., Adzzie-Shazleen, A., Nurullhudda, Z., Yin, W.F., Nurul-Syakima, A. M., e Chan, K. G. (2015). *Sinomonas humi* sp. nov., uma actinobactéria amilolítica isolada de solo de manguezal, *Int J Syst Evol Microbiol*, 65, 996-1002.

Liu, T., Wu, S., Zhang, R., Wang, D., Chen, J. e Zhao, J. (2019). Diversidade e potencial antimicrobiano de Actinobactérias isoladas de diversas esponjas marinhas ao longo do Golfo de Beibu do Mar do Sul da China, *FEMS Microbiology Ecology*, 95(7) doi: 10.1093/femsec/fiz089

Lo, C. W., Lai, N. S., Cheah, H. Y., Wong, N. K. I. e Ho, C. C. (2002). Actinomycetes isolados de amostras de solo da gama Crocker Sabah, *ASEAN Review of Biodiversity and Environmental Conversation*, 9, 1-7.

Miller, B.R., Drake, E.J., Shi, C., Aldrich, C.C. e Gulick, A.M. (2016). Structures of a Nonribosomal Peptide Synthetase Module Bound to MbtH-like Proteins Support a Highly Dynamic Domain Architecture, *The Journal of Biological Chemistry* 291(43), 22559 -22571.

Mohamad, N.H., Chowdhury, A.J.K. e Zainal Abidin, Z.A. (2015). Isolamento selectivo de Actinomycetes de sedimentos de mangais de Tanjung Lumpur, Kuantan, Malásia, *Malaysian Journal of Microbiology*, 11(2), 144-155.

Muramatsu, H., Murakami, R., Ibrahim, Z. H., Murakami, K., Shahab, N. e Nagai, K. (2011). Phylogenetic diversity of acidophilic actinomycetes from Malaysia, *The Journal of Antibiotics*, 64, 621-624.

Murphy, D. V., Stockdale, E. A., Brookes, P. C. e Goulding, K. W. T. (2007). Impact of microorganisms on chemical transformations in soil. *Em* Abbot, L. K. e Murphy, D. V. (Eds.).

88

A Key to Sustainable Land Use in Agriculture (Uma Chave para o Uso Sustentável da Terra na Agricultura). (1ᵃ ed., pp. 37-59). Nova Iorque: Springer.

Naikpatil, S. V. e Rathod, J. L. (2011). Selective isolation and antimicrobial activity of rare actinomycetes from mangrove sediment of Karwar, *Journal of Ecobiotechnology*, 3, 48-53.

Ng, Z.Y. e Tan, G.Y.A. 2018. Isolamento selectivo e caracterização de novos membros da família Nocardiopsaceae e outras actinobactérias de um sedimento marinho da ilha de Tioman, *Antonie van Leeuwenhoek* 111, 727-742.

Ng, Z.Y., Fang, B.Z., Li, W.J.and Tan, G.Y.A. (2019). *Marinitenerispora sediminis* gen. nov., sp. nov., um membro da família Nocardiopsaceae isolado dos sedimentos marinhos *Int J Syst Evol Microbiol*, 69, 3031-3040.

Numata, K. e Nimura, S. (2003). Acesso a actinomicetos do solo nas florestas tropicais malaioas, *Actinomycetologica*, 17, 54-56.

Parungao, M. M., Maceda, E. B. G. e Vilano, M. A. F. (2007). Screening of antibiotic-producing actinomycetes from marine, brackish and terrestrial sediments of Samal Island, Philippines, *Journal of Research in Science, Computing and Engineering*, 4, 29-38.

Sabaratnam, V., Christabel, L.J., Thong, K.L., Tan, G.Y.A., Affendi, Y.A. (2008). *Esponjas de Tioman e seus habitantes actinomicetas*. In: História natural do Grupo de Ilhas Pulau Tioman. Série de monografias IOES. Universidade de Malaya, Kuala Lumpur, pp. 35-41. ISBN 9789839576351

Saini, A., Aggarwal, N.K., Sharma, A. e Yadav, A. (2015). Actinomycetes: A Source of Lignocellulolytic Enzymes, *Enzyme Research*, 20, 1-15.

Ser, H.L., Zainal, N. Palanisamy, U.D., Goh, B.H., Yin, W.F., Chan, K.G. Lee, L.H. (2015a). *Streptomyces gilvigriseus* sp. nov., um novo actinobactéria isolado de solo de manguezal, *Antonie van Leeuwenhoek*, 107,1369-1378.

Ser, H.L., Palanisamy U.D., Yin W.F., Abd Malek S.N., Chan K.G., Goh B.H. e Lee L.H. (2015b). Presença de agente antioxidante, Pyrrolo[1,2-a] pirazina-1,4-diona, hexahidro- em *Streptomyces mangrovisoli* sp. nov., *Front. Microbiol.* 6, 854. doi: 10.3389/fmicb.2015.00854

Ser, H.L., Tan, L.T.H., Palanisamy, U.D., Abd Malek, S.N., Yin, W.F., Chan, K.G., Goh, B.H. e Lee, L.H. (2016a) *Streptomyces antioxidans* sp. nov., a Novel Mangrove Soil Actinobacterium with Antioxidative and Neuroprotective Potentials, *Front. Microbiol.* 7:899. doi: 10.3389/fmicb.2016.00899

Ser, H.L., Palanisamy, U.D., Yin, W.F., Chan, K.G., Goh, B.H. e Lee, L.H. (2016b). *Streptomyces malaysiense* sp. nov..: A novel Malaysian mangrove soil actinobacterium with antioxidative activity and cytotoxic potential against human cancer cell lines, *Scientific Reports* 6, 24247 doi: 10.1038/srep24247

Ser, H.L., Yin, W.F., Chan, K.G, Goh, B.H., Lee, L.H. 2018. Potenciais antioxidantes e citotóxicos de *Streptomyces gilvigriseus* MUSC 26T isolados de solo de mangue na Malásia, *Prog Microbes Mol Biol* 1(1), a0000002.

Serrano-Gonzalez, M.Y., Chandra, R., Castillo-Zacarias, C., Robledo-Padilla, F., Rostro-Alanis, M.J., Parra-Saldivar, R. (2018). Biotransformação e degradação do 2,4,6-trinitrotolueno pelo metabolismo microbiano e sua interacção, *Tecnologia de Defesa*, 14, 151-164.

Subramani, R. e Sipkema, D. (2019). Actinomycetes Raros Marinhos: Uma Fonte Promissora de Produtos Naturais Estruturalmente Diversos e Únicos, *Drogas Marinhas*, 17, 249; doi:10.3390/md17050249

Subramani, R. e Aalsberg, W. (2013). Actinomicetos cultiváveis raros: diversidade, isolamento e descoberta de produtos naturais marinhos, *Microbiologia Aplicada e Biotecnologia*, 97, 9291-9321.

Tan, S.M.A., Amirul, A.A., Saidin, J. e Bhubalan, K. (2018). Identification of Cultivable Bacteria from Tropical Marine Sponges and Their Biotechnological Potentials, *Tropical Life Sciences Research*, 29(2), 187-199.

Theobald, S., Vesth, T.C. e Andersen, M.R. (2019). A análise do nível genético dos híbridos PKS-NRPS e NRPS-PKS revela a sua origem em Aspergilli, *BMC Genomics*, 20,847.

Tian, J., Chen, H., Guo, Z., Liu, N., Li, J., Huang, Y., Xiang, W. e Chen, Y. (2016). Descoberta de polifenóis pentangulares hexaricinas A-C de *Streptosporangium* sp. CGMCC 4.7309 por mineração de genoma, *Appl Microbiol Biotechnol,* 100, 4189-4199.

Timková, I., Jana Sedláková-Kaduková, J. e Prista, P (2018). Habilidades de Biosorção e Bioacumulação de Actinomycetes/Streptomycetes Isolados de Sítios Contaminados de Metal, *Separações,* 5(54); doi:10.3390/separations5040054

Ting, A. S. Y., Tan, S. H. e Wai, M. K. (2009). Isolamento e caracterização de actinobactérias com actividade antibacteriana do solo e solo da rizosfera. *Australian Journal of Basic and Applied Sciences,* 3, 4053-4059.

Ting, A. S. Y., Hermanto, A. e Peh, K. L. (2014). Actinomycetes indígenas de compostos de frutos vazios de óleo de palma: avaliação das propriedades enzimáticas e antagónicas, *Biocatálise e Biotecnologia Agrícola,* 3, 310-315.

Tiwari, K. e Gupta, R. K. (2013). Diversidade e isolamento de actinomicetos raros: uma visão geral, *Clinical Reviews in Microbiology,* 39, 256-294.

Ventura, M., Chancaya, C., Tauch, A., Chandra, G., Fitzgerald, G. F., Chater, K. F. e Sinderen, D. V. (2007). Genomics of actinobacteria: tracing the evolutionary history of an ancient phylum, *Microbiology and Molecular Biology Reviews,* 71, 495-548.

Zainal, N., Ser, H.L., Yin, W.F., Tee, K.K., Lee, L.H., Chan, K.G. 2016. *Streptomyces humi* sp. nov., uma actinobactéria isolada do solo de uma floresta de mangue, *Antonie van Leeuwenhoek,* 109, 467-474.

Zainal Abidin, Z.A. Actinomycetes Diversity and Characterisation of Bioactive Compounds of *Streptomyces* from Malaysian Marine Environment. Tese de Doutoramento. Universiti Kebangsaan Malásia. 2013. 247p.

Zainal Abidin, Z.A., Abdul Malek, N., Zainuddin, Z., Chowdhury, A.J.K. (2015). Isolamento selectivo e actividade antagónica de actinomicetos de manguezais de Pahang, Malásia, *Frontiers in Life Science,* 9(1), 24-31

Zainal Abidin, Z.A., Chowdhury, A.J.K., Abdul Malek, N., Zainuddin, Z. (2018). Diversity, Antimicrobial Capabilities, and Biosynthetic Potential of Mangrove Actinomycetes from Coastal Waters in Pahang, Malaysia, *Journal of Coastal Research* 82, 174-179.

Zhi, X. Y., Li, W. J. e Stackebrandt, E. (2009). Uma actualização da estrutura e da sequência genética 16S rRNA - definição baseada em graus superiores da classe *Actinobacteria*, com a proposta de duas novas subordens e quatro novas famílias e descrição emendada dos táxis superiores existentes, *International Journal of Systematic and Evolutionary Microbiology,* 59, 589-608.

Zin, N. M., Sarmin, N. I. M., Ghadin, N., Basri, D. F., Sidik, N. M., Hess, W. M. e Strobel, G. A. (2007). Bioactive endophytic streptomycetes from the Malay Peninsula, *FEMS Microbiology Letters,* 274, 83-88.

Alterações Climáticas e Defesa Costeira na Malásia: Uma revisão

Muhammad Zahir Ramli1*, Muhammad Adil Ramzi2, Muhammad Syafiq Safwan2, Nur Adawiyah Isa2, Minhalina Ahmad2, Nur Azierah Samsu Bahari2, Kamaruzzaman, B.Y1

1Departamento de Ciências Marinhas, Kulliyyah of Science, Universidade Islâmica Internacional da Malásia, 25200 Kuantan, Pahang, Malásia
2Instituto de Oceanografia e Estudos Marítimos, Kulliyyah of Science, Universidade Islâmica Internacional da Malásia, 25200 Kuantan, Malásia
Autor correspondente: mzbr@iium.edu.my

ABSTRACT

As zonas costeiras de todo o mundo enfrentam um número crescente de populações através do rápido desenvolvimento e expansão para áreas residenciais, industriais e turísticas. Há aproximadamente 50% da população mundial que habita as zonas costeiras. Com as actuais alterações climáticas, as zonas costeiras estão expostas à subida do nível do mar e a inundações que podem trazer catástrofes às regiões de baixa altitude. Muitos países desenvolveram planos de mitigação e adaptação onde a maioria das abordagens envolve a alteração da linha costeira natural através da construção de defesas costeiras. Existem muitas estratégias chave na implementação da defesa costeira com o objectivo de reduzir ou minimizar o impacto para a linha de costa. Esta revisão fornece informações sobre as diferentes abordagens das defesas costeiras na Malásia, concentrando-se especificamente na erosão ou inundação, condições morfológicas, e uso do solo. Este artigo destaca também a melhoria necessária para resistir ao impacto da subida do nível do mar. Esta revisão irá beneficiar os investigadores que gostariam de explorar o parâmetro chave na concepção da estrutura da defesa costeira.

Palavras-chave: Alterações Climáticas, Defesa Costeira, Erosão, Excesso, Gestão Costeira.

INTRODUÇÃO

As zonas costeiras são ambientes vulneráveis que recebem continuamente ameaças nocivas. Essas ameaças resultam tipicamente do desenvolvimento maciço e da rápida urbanização das zonas costeiras, bem como de fenómenos de base natural como as alterações climáticas e a subida do nível do mar. Com isso, foram tomadas múltiplas iniciativas a fim de superar as questões relacionadas com a zona costeira, particularmente envolvendo os problemas de erosão da linha costeira. Numerosas estruturas de protecção costeira foram desenvolvidas ao longo das linhas costeiras afectadas na Malásia. Tais estruturas envolvem tanto estruturas de engenharia macia como dura. Principalmente, através da construção de estruturas de protecção costeira, é possível prevenir e reduzir a erosão e inundação de costas de alto valor, as praias e terrenos recuperados podem ser estabilizados, assim como o valor de amenidade da costa pode ser aumentado. À escala global, a proliferação de estruturas artificiais de protecção costeira no ambiente marinho está principalmente relacionada com as adaptações às alterações climáticas que visam simultaneamente acompanhar as crescentes utilizações comerciais e recreativas das zonas costeiras.

No entanto, sem um plano e desenho adequados antes da construção das estruturas de protecção costeira, bem como falta de manutenção, numerosos problemas podem potencialmente surgir em certos períodos de tempo após a construção. Um dos maiores problemas inclui a interrupção dos transportes de sedimentos litorais, o que poderá eventualmente levar ao processo de deposição de sedimentos. Além disso, uma concepção inadequada pode contribuir para o colapso das estruturas de protecção costeira. Acima de tudo, estes problemas indicam o fracasso das estruturas e, por conseguinte, colocam maiores desafios à gestão costeira. Portanto, esta revisão pretende discutir várias componentes que incluem as principais ameaças às zonas costeiras, as estruturas de protecção costeira que foram construídas na Malásia, os desafios às estruturas de protecção costeira, bem como certas sugestões a aplicar para ultrapassar os desafios existentes.

Principais ameaças às Zonas Costeiras

As zonas costeiras sofrem mudanças tremendas devido à introdução de pressões naturais e antropogénicas. Estas pressões têm directa e indirectamente perturbado a estabilidade das linhas costeiras. A erosão da linha costeira é uma das principais ameaças. O desequilíbrio entre o fornecimento e exportação de materiais que são principalmente dominados por sedimentos de e para uma zona costeira pode ser reconhecido como a erosão da linha costeira (Najib, Ab Ghani, Abdullah & Ahmad, 2017). Uma linha costeira erodida pode ser normalmente detectada através do deslocamento da linha costeira em terra. Com base no Estudo Nacional de Erosão Costeira de 1984, cerca de 29% ou 1.380 km da costa malaia sofreram problemas de erosão, tendo 52% deles ocorrido na Malásia Peninsular (Ministério dos Recursos Naturais e Ambiente, 2009). A urbanização ao longo das zonas costeiras é um dos principais contribuintes. As zonas costeiras na Malásia tornaram-se o centro das actividades económicas urbanas e rurais, onde até 70% da população malaia vive nas zonas costeiras (Najib et. al., 2017).

Além disso, componentes naturais tais como vento, ondas, marés bem como correntes estão também incluídos entre os que contribuem para a erosão costeira. Em certos meses ao longo de um ano, a Malásia peninsular é particularmente propensa a fenómenos relacionados com o vento, que são conhecidos como estações das monções. Estes fenómenos agravam posteriormente os problemas de erosão costeira. O estudo mostra que há um incremento nos casos de erosão costeira na Malásia Peninsular de 2013 a 2017 (Yanalagaran, et al. 2019). Geralmente, pode ser observada uma correlação significativa entre as velocidades médias do vento e o número de casos de erosão (Figura 1). Verifica-se que no mês de Fevereiro e Dezembro, os casos mais elevados de erosão costeira estão alinhados com a velocidade média dos ventos mais rápida. Estes dois meses situam-se abaixo da duração da estação das monções do Nordeste, que vai de Novembro a Março. Por outro lado, durante a estação das monções do Sudoeste, que decorre entre Maio e Setembro, observa-se o menor número de casos de erosão com algumas flutuações. Por outras palavras, a ocorrência da monção do Nordeste exerce maiores impactos na erosão costeira da Malásia Peninsular do que a monção do Sudoeste.

Além disso, dos 14 estados da Malásia peninsular, nove deles sofrem de problemas de erosão costeira. Tais estados incluem Johor, Melaka, Negeri Sembilan, Kelantan, Pahang, Pulau Pinang, Perak, Selangor e Terengganu (Tabela 1). Na Malásia, com base no National Coastal Erosion Study 2015, até 44 praias sofreram erosão como um todo e foram classificadas na Categoria 1 que é referida como casos críticos (Departamento de Irrigação e Drenagem da Malásia, 2015).

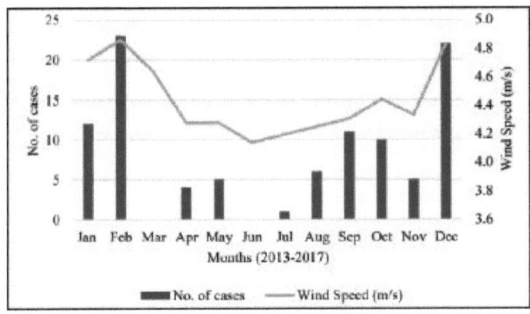

Fig. 1: Gráficos da velocidade do vento e número de casos de erosão costeira na Malásia peninsular (Yanalagran et al., 2019)

Quadro 1: Comprimento da costa erodida em diferentes praias da Malásia

Estado	Praia	Comprimento da linha costeira erodida (m)
Kedah	Pantai Pasir Hitam	345.5
	Kampung Penarek	134.1
	Kampung Padang Salin	649.5
Pulau Pinang	Indah Bayan Indah persaariana	1138.4
	Taman Molek	438.7
	Mutiara Persiaran Bayan Mutiara	610
	Kampung Benggali	263
	Kampung Kuala Muda	598.1
	Oeste de Kampung Benggali	828.1
	Kampung Permatang Rawa	1678.1
Perak	Kuala Kurau	1861
Selangor	Kampung Batu Laut	1384.9
	Pantai Jeram - Pantai Remis	3438.5
Negeri Sembilan	Pantai Teluk Kemang, Batu 8	2314.7
	Taman Tuah Batu	1621.8
	O Regency Tanjung Tuan Beach Resort, Batu 5	459.1
	Gelam de Kampung	264
	PD Waterfront	131.9
	Escritório Distrital de Port Dickson	734.4
Melaka	Kampung Portugis	219.4
Pahang	Pantai Cherating	1004.7
	Taman Gelora	497.6
Terengganu	Kampung Teluk Budu	1763
	Taman Geliga	1921
	Pantai Kemasik	308
	Pantai Seberang Takir	935
	Pantai Teluk Lipat	802
	Pantai Paka (Poço de Areia)	2557
	Kampung Pak Tuyu	16426
	Kampung Aur	1657
Kelantan	Pantai Kundor-Pantai Cahaya Bulan	952
	Pantai Mek Mas	997
Sarawak	A nordeste de Sungai Maludam	2286.5
	A Sul de Tanjung Bungai	3557.1
	Tanjung Paloh	3865.2
	Kampung Semarang	3484.2
	Kampung Santubong	408.2
	Kampung Buntal	1527.7
	Sebangan Bajong (Kampung Sungai Rama)	3465.4
Sabah	Jalan Putatan	841.6
	Kampung Marasimsim	814.8
	Tanjung Tunku	1314.4
Pulau Labuan	Pantai Sungai Pagae perto de Labuan	597.2

uto

A Defesa Costeira em Geral

A zona costeira é uma zona dinâmica, altamente povoada e normalmente activa com actividade económica como o porto, indústrias turísticas e outras infra-estruturas. Além disso, a zona costeira é também o lar de muitos animais e plantas marinhas tais como mangais, corais, dugongos e muitos mais. No entanto, os desenvolvimentos ao longo da zona costeira têm actualmente exercido pressão sobre a área. A erosão costeira é o problema comum que ocorre nas zonas costeiras. De acordo com Foti et al., (2020), a erosão costeira é as consequências das actividades humanas e mudanças naturais desequilibradas devido à acção dinâmica, tais como ondas, correntes e ventos, resultando em recuo e perda de sedimentos para a zona costeira. Além disso, actividades antropogénicas tais como urbanizações, extracção de areia, e projectos de recursos hídricos são os principais factores da erosão costeira, uma vez que estas actividades perturbam e reduzem o transporte de sedimentos para chegar à zona costeira.

As estruturas de defesa costeira podem ser classificadas em duas categorias que são estruturas de engenharia dura e estruturas de engenharia mole. A primeira categoria inclui estruturas tais como paredes marinhas, virilhas, molhes, bem como quebra-mares (Hamakareem, 2012). Entretanto, a instalação de estruturas geotêxteis, recifes artificiais, estacas hidráulicas, praias de drenagem, by-passing e alimentação da praia estão entre os métodos comuns que são aplicados para as estruturas de engenharia suave (Atlantic Network for Coastal Risks Management, 2017). Embora todas estas estruturas desempenhem um papel semelhante na protecção das frágeis zonas costeiras, a sua instalação varia em função das diferentes necessidades e situações.

O papel da Defesa Costeira na
Malásia Península da Malásia
Peninsular da Costa Leste

A costa oriental da Malásia é a região mais vulnerável à erosão em comparação com a costa ocidental, pelo que foram construídas mais defesas costeiras nesta zona. Na parte norte da costa oriental da Malásia, Terengganu é um dos estados mais afectados durante a época das monções. Terengganu implementou várias defesas costeiras, tais como quebra-mares, groynes, e revestimento de rochas. De acordo com Ariffin et al., (2019) Kuala Terengganu experimenta uma época anual de monções que necessita da implementação de defesas costeiras para proteger a zona costeira da erosão. Para além disso, as estruturas costeiras construídas nesta região visam também reduzir o impacto do desenvolvimento costeiro. De acordo com Syakir et al., (2020), foram construídas múltiplas defesas costeiras a cerca de 4 km perto de Kuala Nerus para reduzir o impacto da erosão devido ao desenvolvimento do Aeroporto Sultão Mahmud.

Em seguida, Pahang também implementou as defesas costeiras para reduzir o problema de erosão que se deve principalmente à estação das monções e às fortes descargas fluviais do rio Pahang. De acordo com Amri Mohd et al., (2018) a região costeira de Pahang desde Cherating até Pekan é vulnerável à monção do nordeste enquanto que a região de Kuala Pahang experimentou um problema de erosão de nível 5 devido à elevada remoção de carga sedimentar do rio Pahang. A implementação de quebra-mar e revestimento de rochas foi activamente construída especialmente no porto de Tg Gelang e Kuala Pahang, onde estas duas áreas foram fortemente danificadas. Deslocando-se para a parte sul da região da costa oriental, Tanjung Piai, localizada em Johor, é proeminente com pesados problemas de erosão devido à actividade de navegação e desenvolvimento costeiro. Para conter a extensão da erosão, foram utilizadas várias defesas costeiras, tais como sacos geotêxteis, revestimento de rocha, tubo geotêxtil e revestimento de rocha macia. De acordo com Awang, Jusoh, & Hamid, (2014), uma série de defesas costeiras foram implementadas desde 2003, começando com sacos geotêxteis, paredes do mar em 2007 até ao revestimento de rochas macias em 2010, o problema de erosão no sítio de Ramsar ainda em curso.

Peninsular da Costa Leste

A região da costa ocidental da Malásia peninsular recebe um menor impacto de ondas do mar aberto em comparação com a região da costa oriental. No entanto, a erosão costeira da região da costa ocidental foi relatada devido à forte actividade de navegação ao longo do estreito e à remoção de mangais para o desenvolvimento costeiro. De acordo com Shin, Kim, Hakam, & Istijono, (2019), a zona costeira da costa ocidental é dominada pelo habitat dos mangais. No entanto, desde os anos 80, a quantidade de mangais ao longo da costa diminuiu devido ao desenvolvimento costeiro que promove erosão costeira. A implementação de defesas costeiras na costa ocidental é mais no sentido de uma engenharia suave para apoiar o crescimento do mangue como barreira natural. Além disso, métodos convencionais como o revestimento de betão impedem de facto a erosão costeira, mas não promovem a alimentação natural dos sedimentos. Por conseguinte, uma abordagem de engenharia suave é preferível e adequada para sedimentos planos lamacentos na região da costa ocidental. Por exemplo, a implementação de quebra-mares geotubulares em Sungai Haji Dorani Selangor relatou sucesso porque os quebra-mares geotubulares são mais adequados em áreas com menores forças hidrodinâmicas.

A seguir, os esforços de replantação de mangais são também adequados para a região da costa ocidental. A ilha Carey situada em Selangor sofreu anteriormente uma perda extrema de mangais devido à actividade antropogénica. Isto deve-se à localização da ilha de Carey, a 70 km de Port Klang, também o principal factor na retirada do mangue. Para evitar que a perda do mangue afectasse a erosão, foi realizada uma replantação estruturada do mangue. De acordo com Bakrin Sofawi, Rozainah, Normaniza, & Roslan, (2017), a replantação estruturada de mangais que utilizava feixe artificial e quebrador de ondas ecológico foi considerada um sucesso.

Sabah e Sarawak

A implementação das defesas costeiras em Sabah e Sarawak é muito limitada na literatura. Com base no NCES 2015, as praias arenosas são comuns na costa de Sarawak, enquanto o barro e o lodo são solos comuns ao longo da costa de Sabah. Geralmente, o barro e o lodo estão associados a florestas de mangais, que são a protecção natural contra as ondas. No entanto, as áreas de mangais estão agora a diminuir devido à acção das ondas, catástrofes naturais e actividades humanas que incluem o desenvolvimento turístico nas zonas costeiras, tais como estâncias e chalés. Entre as defesas costeiras artificiais implementadas em Sabah está a utilização de estruturas artificiais para reconstruir as perdas costeiras na ilha de Selingan, Sandakan. De acordo com Chen, Saleh, Yap, & Isnain, (2018), a ilha Selingan é o famoso local de nidificação de tartarugas e parte do Turtle Island Park (TIP) que sofreu a erosão da praia, resultando na redução do local de nidificação. Assim, as bolas de recife como estruturas artificiais foram inventadas e implementadas para restaurar a praia erodida. A implementação da estrutura aumentou a praia arenosa na parte sul da ilha.

A seguir, à semelhança de Sabah, Sarawak também menos documentou a recente estrutura costeira aplicada ao Estado. A recente publicação das defesas costeiras de Sarawak foi em 2018, que foi o impacto da erosão na região costeira de Miri devido à pesada carga sedimentar dos rios. De acordo com Anandkumar et., (2018), foi realizado um estudo do rio Baram à praia de Bungai que cobriu 11 importantes pontos turísticos e praias comerciais a cerca de 74 km para determinar a acreção e a erosão ao longo da costa. A avaliação descobriu o padrão de acreção iniciado após a construção de quebra-mar, groynes, e revestimento de rochas ao longo da zona erodida. 546 acres de área erodida recuperou para 746 acres após a implementação da estrutura de defesas costeiras.

Aplicações dos diferentes tipos de Defesa Costeira na Malásia

A gestão de questões costeiras como a erosão costeira só pode ser levada a cabo eficazmente através da utilização de métodos e técnicas adequadas. Isto inclui a utilização de protecções costeiras, incluindo tanto a defesa dura como a suave (Williams et al., 2018). Cada uma destas protecções costeiras pode ser utilizada para diferentes aplicações e propósitos, dependendo das necessidades e condições encontradas.

Engenharia suave

Alimentação
As recargas de praia ou os alimentos de praia referem-se à adição de areia na praia afectada ou erodida, a fim de aumentar tanto a largura como a elevação da praia. Estas técnicas de engenharia suave podem ser encontradas em todo o mundo, principalmente na zona costeira com desenvolvimento massivo, uma vez que funcionam para reduzir os impactos da erosão incontrolável. De acordo com Mangor et al., (2017), a alimentação pode ser agrupada em cinco tipos que são alimentação de dunas, alimentação de costas, alimentação de praia, alimentação de costas e alimentação de perfil (Figura 2). Cada tipo de alimentação tem uma finalidade diferente, por exemplo, a alimentação de duna é para fortalecer a duna contra a quebra durante a erosão aguda, enquanto a alimentação de costa é para fortalecer a parte superior da praia (no sopé das dunas).

A alimentação é uma das abordagens que é muito flexível e bem adaptada para se adaptar à subida do nível do mar, uma vez que a re-nutrição pode ser facilmente ajustada. Através deste método, o investimento costeiro, bem como o valor da praia, podem ser mantidos e retidos respectivamente para o turismo e recreação (Masria et al., 2015). A principal vantagem desta defesa suave deve-se ao seu princípio de funcionamento, que é altamente flexível ao permitir que a areia se desloque continuamente em resposta à mudança das ondas e dos níveis da água. Além disso, a adição de sedimentos que satisfazem as forças erosivas pode subsequentemente diminuir os impactos da erosão costeira ao mesmo tempo que proporciona benefícios para as áreas adjacentes através da distribuição de sedimentos por arrastamento de longo curso. Mesmo assim, esta técnica ainda não pode ser considerada como a melhor solução, uma vez que se trata de re-nutrição periódica e não permanente. Além disso, a adição de sedimentos também pode, em última análise, impor impactos negativos ao ambiente através do enterramento directo de animais e organismos residentes na praia (Masria et al., 2015). Na Malásia, a maior parte das praias que se tornaram atracção turística fizeram a alimentação da praia, por exemplo em Teluk Chempedak, Pahang.

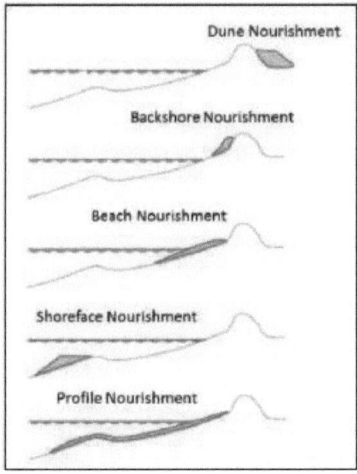

Fig. 2: Diferentes tipos de abordagem alimentar

Dreno de praia
O dreno da praia ou conhecido como desaguamento da praia é um sistema que se baseia no dreno da praia. Com base em Mangor *et al* (2017), o escoamento de praia ajuda a aumentar o nível da praia perto do tubo de instalação, o que melhora directamente a largura da praia. A abordagem de drenagem da praia é sempre apoiada por sistemas de módulos de equalização de pressão (PEM). São tubos verticais

que se dispõem formando uma matriz ao longo da praia e ajudam no acúmulo de areia para reduzir contra a erosão. O sistema PEM melhora e aumenta a capacidade da praia para drenar, o que faz com que mais água possa ser drenada na camada superior da praia. Assim, mais areia depositada em vez de ser lavada pelas ondas. Através disto, o nível das águas subterrâneas pode ser mantido a um nível baixo (Masria et al, 2017). A aplicação do sistema de drenagem da praia é melhor para praias arenosas que estão expostas à maré e, por vezes, moderadamente expostas às ondas. Também é bom para as praias que tenham apenas uma pequena erosão para reduzir os custos necessários. No entanto, a teta não é adequada para aplicar o sistema de drenagem de praias quando a praia está gravemente danificada devido à erosão e à erosão causada pela subida do nível do mar. Em Kuantan, o sistema PEM foi utilizado na alimentação das praias em 2004 para combater a erosão costeira. A avaliação após o processo de monitorização mostrou que os sistemas PEM e o método de alimentação da praia em Kuantan são bem sucedidos contra, não só a erosão menor, mas também o aumento da largura e do nível da praia.

Restauração de Pântanos e Mangues
A restauração é um processo que visa devolver um sistema à condição pré-existente (Schmitt & Duke, 2015). A definição de restauração de pântanos e mangais refere-se à protecção da estabilidade da plataforma de pântanos e mangais contra a erosão e inundação. A floresta de mangue actua como uma barreira natural para absorver e dissipar a energia das ondas da água do mar. A estabilidade destas plataformas será ameaçada se a vegetação do cinturão for danificada (Mangor et al, 2017). A baixa protecção das plataformas costeiras exigia uma gestão eficaz e uma boa participação do público, particularmente da comunidade costeira. O mangue ajuda como barreira natural para superar qualquer perturbação ou catástrofe natural, ou seja, tsunami ou tempestade que possa afectar as propriedades costeiras em redor das zonas costeiras. A restauração dos mangais pode ser restaurada através da imposição de restrições às actividades na zona dos mangais, a plantação de nova vegetação de mangais restabelece o fluxo natural na zona dos mangais. Enquanto para as plataformas de mangue, pode ser restaurado promovendo o crescimento natural do mangue através da construção de armadilhas de assoreamento na maré rasa para melhorar o crescimento do mangue. Na Malásia, o governo atribuiu um certo montante de fundos para a reabilitação do mangue ao abrigo do 9º Plano Malaio e foi atribuído um pequeno orçamento para a condução de assuntos relacionados com I&D (Rahman & Asmawi, 2016). Quanto ao programa de restauração para ser eficaz, um bom planeamento e uma grande avaliação do local são essenciais para assegurar a capacidade de sobrevivência da faixa de mangue na zona costeira baixa. A restauração bem sucedida dos mangais na Malásia pode ser vista em Carey Island, onde a restauração foi apoiada com feixe artificial usado e quebrador de ondas ecológico.

Fig. 3: Regeneração natural da *Rhizophora apiculata*

Engenharia dura
Quebra-mares

O quebra-mar refere-se a uma estrutura construída para formar um porto artificial com uma bacia que é protegida dos efeitos das ondas. O quebra-mar pode ser dividido em dois tipos principais': quebra-mar isolado e quebra-mar submerso. As diferenças na aplicação destas estruturas são as primeiras ajudam a promover uma distribuição uniforme do material litoral ao longo da linha costeira, enquanto que a segunda ajuda a proteger os portos e os canais de navegação da acção das ondas. Assim, pode ser criada uma zona calma para navios e actividades turísticas. Ao absorver as ondas, o quebra-mar ajuda a reduzir a energia das ondas na parte a sotavento do quebra-mar, criando assim naturalmente salientes ou túmulos por detrás da estrutura que são capazes de influenciar o transporte de sedimentos a longa distância (Shin et al., 2019). Não só isso, a concepção actual do quebra-mar, particularmente do tipo submerso, tende a

servem outro propósito como um recife artificial polivalente que pode indirectamente ajudar a desenvolver o habitat dos peixes, protegendo ao mesmo tempo a costa.

No entanto, os grandes desafios na utilização do quebra-mar como protecções costeiras são relativamente muito difíceis de construir e requerem um desenho especial para receber um resultado eficaz. Na construção do quebra-mar, há alguns parâmetros que devem ser considerados, tais como impactos ambientais, investigação geotécnica, equipamento utilizado para obter os sedimentos necessários e levantamento hidrográfico. Além disso, as estruturas são também bastante vulneráveis à acção de fortes ondas, pelo que requerem estruturas adicionais para as suportar (Izzat et al., 2018). A falha comum no quebra-mar provém geralmente dos seus elementos estruturais e do derrube da parede. Em Terengganu, foi construída uma série de quebra-mar para reduzir o impacto da erosão causada pela construção da extensão de aterragem do aeroporto, que altera significativamente o transporte de sedimentos e corrói grandemente o Pantai Tok Jembal.

Fig. 4: Um único quebra-mar anexo em Terengganu

Groynes

Os Groynes, por outro lado, são estruturas que são construídas perpendicularmente à linha de costa e trabalham para bloquear partes da deriva litoral, prendendo e mantendo areia nas zonas a montante.

Através da utilização de groynes, os efeitos de erosão podem ser diminuídos à medida que se aproxima da linha costeira, alterando os padrões de corrente e ondas. Os groynes podem consistir em diferentes formas; ou surgiram, inclinados ou submersos, e podem ser em formas simples ou em aglomerados, conhecidos como campos de virilhas. Para os materiais utilizados, os groynes podem consistir em madeira, folhas, betão, escombros e areia (Masria et al., 2015). Diferentes tipos de materiais podem ser utilizados em diferentes condições, dependendo do nível de protecção exigido. Além disso, esta estrutura é bem favorecida para ser utilizada particularmente em zonas turísticas, uma vez que pode construir uma praia, resultando numa praia mais larga que é possível atrair turistas. Mesmo assim, os inconvenientes desta estrutura são que requer manutenção frequente, limitando-se apenas a áreas com ondas médias. Caso contrário, ondas fortes penetrarão até à face da falésia, provocando a erosão da falésia (Williams et al., 2018).

Seawalls
Seawall é uma estrutura dura que foi construída ao longo da linha de costa, ao pé de possíveis dunas. O Seawall foi construído para prevenir a linha de costa de problemas de erosão e de recuo da linha costeira, protegendo a linha de costa da acção das ondas e dos surtos de tempestades. Não só isso, as paredes do mar também proporcionam outros benefícios, tais como oportunidades para a realização de visitas turísticas e actividades recreativas. Foi concebido para proteger a linha costeira, resistindo à força de
a tempestade aumenta. Uma parede marinha típica tem normalmente uma estrutura inclinada que pode ser lisa, de face escalonada ou de face curva. Geralmente, há três desenhos de parede do mar que são estrutura de escombros, parede do mar em bloco e estrutura de aço ou madeira. Por vezes, o revestimento também foi utilizado como um suplemento para a parede do mar para retardar o processo de limpeza no dedo do pé da parede do mar ou por vezes utilizou uma única estrutura em áreas menos expostas. Se o dedo do pé da parede do mar for danificado, provocará o derrube do muro. Esta é a principal razão pela qual a maioria das paredes do mar construídas falharam. Por conseguinte, é importante proporcionar protecção ao dedo do pé durante o processo de desenho da parede do mar. A construção de paredes marítimas pode ser dispendiosa, mas com estruturas muito bem planeadas e concebidas, pode ser a melhor solução para a protecção costeira (Strain et al., 2018; Strain et al., 2020).

Fig. 5: Construção simples em Padang Kota Lama, Penang Esplanade

Revetment
Revestimento é uma estrutura passiva, uma estrutura paralela à costa que se parece com paredes do mar, excepto que o revestimento é construído com mais declive horizontal, mais inclinado do que uma parede do mar. Uma parede do mar é uma estrutura vertical enquanto o revestimento tem uma

inclinação distinta (Paeniu *et al*, 2015). De acordo com Sadeghi & Al-Othman (2019), o revestimento é uma estrutura paralela à linha de costa para proteger a costa contra erosões, absorvendo e reduzindo a energia das ondas antes de chegarem às margens. Contudo, a prevenção não protege contra inundações e é considerada como um suplemento a outros tipos de estruturas, tais como paredes do mar ou diques. Há dois grupos comuns de revestimento que são expostos e enterrados. Quanto aos revestimentos expostos, há muitos tipos que podem ser encontrados, que são o betão de interbloqueio (Lajes Flex), bloco de betão, colchões com rede de pedra e tubos de areia geotêxtil.

Acrescentaram que existem três partes importantes no revestimento: i) camada de blindagem, parte importante que protege contra a acção das ondas, ii) zona filtrante, bloquear sedimentos e permitir a passagem de água e iii) revestimento do dedo do pé, proteger a estrutura contra desalojamento e fornecer o apoio necessário. Uma das aplicações de revestimento pode ser vista em Sungai Burung, Selangor, utilizando a unidade de blindagem simplificada 'H' ou SAUH como revestimento de betão para protecção de escarpas e feixes (Departamento de Irrigação e Drenagem da Malásia, 2017). No entanto, o revestimento exibe um elevado impacto visual na paisagem que pode ser pior, pois pode tornar algumas praias inacessíveis às pessoas.

Fig. 6: Revestimento de laje flexível ao longo da margem do rio em Labuan

Fig. 7: SAUH que estão a ser utilizados em Sungai Burung, Selangor

Fig. 8: Exemplos de falhas de revestimento de blocos de betão na Malásia: Esquerda: lavagem do dedo do pé (Penang). Direita: Por overtopping (Labuan).

Aplicações de Diferentes tipos de Defesa Costeira na Malásia Tubo geotêxtil na costa arenosa de Teluk Kalong, Malásia

A erosão severa da praia arenosa tornou-se uma grande falha em Teluk Kalong como um dos pontos turísticos populares na Malásia. Isto deve-se aos efeitos das acções rápidas das ondas, bem como da Monção do Nordeste, na qual a sua altura de onda pode atingir até 1,8 metros e 4,8 metros, respectivamente. Devido a estes factores, foi levado a cabo um projecto de remédio no âmbito do Departamento de Obras Públicas para contrariar esta questão. Este projecto de restauração da praia pretende aumentar o valor da praia e reduzir o nível de erosão a um custo mínimo (Lee et al., 2014). Para este projecto, foram utilizadas estruturas geossintéticas de tubos geotêxteis que são frequentemente utilizadas para a protecção costeira. Para além do seu baixo custo e rapidez de instalação, o tubo geotêxtil tem sido aplicado devido à sua capacidade como defesa costeira e requer apenas equipamento simples.

Ao longo da costa, um total de 500 m de comprimento dos trechos está a ser coberto pelos tubos geotêxteis com um diâmetro de 3,5 e está localizado 150 m ao largo. Através desta protecção costeira, foi relatado que a utilização de tubos geotêxteis é eficaz neste projecto, uma vez que há um aumento de 1,8 m em média para a espessura dos sedimentos com uma acumulação estimada de 87.317 m3 de sedimentos (Lee et al., 2014). Isto porque, esta restauração da praia ajuda a diminuir o nível da água a sotavento dos tubos geotêxteis e, assim, a diminuir as forças das ondas que chegam à praia. Assim, a energia dinâmica de entrada que leva à erosão da linha costeira é reduzida, resultando numa baixa taxa de erosão (Lee et al., 2014). As diferenças no estado da praia entre antes e depois da instalação dos tubos geotêxteis estão representadas na Figura 9.

Fig. 9: Estado da praia (a) antes e (b) após a instalação de tubos geotêxteis (2007 - 2008)

Quebra-mares de bolas de recife na ilha de Selingan

A aplicação de estrutura artificial pode ser vista em Selingan Island como uma das ilhas do Turtle Islands Park (TIP) que está continuamente a ser afectada pela erosão da praia. Como ponto turístico que oferece aos turistas experiência de nidificação de tartarugas, a erosão devido aos impactos das estações das monções, eventos extremos e processos costeiros locais causam vários danos, particularmente ao habitat e infra-estruturas. Devido a isso, Sabah Parks começou a colaborar com a Reef Ball Foundation para a instalação de bolas de recife como protecção costeira. Um total de 290 conjuntos de bolas de recife estavam a ser instalados na parte sul da ilha, organizando-a em três filas diferentes para fins de estabilidade (Chen et al., 2018). A disposição das bolas de recife instaladas na ilha de Selingan está representada na figura 4. Para além de estabilizar a linha de costa através da atenuação e refracção das ondas como um quebra-mar submerso, as bolas de recife também funcionam como um lar para várias vidas marinhas.

103

Através da aplicação desta estrutura costeira, o processo de deposição de areia mostrou um incremento de 2010 para 2017 na parte sul da ilha de Selingan. Isto acontece devido à onda que se quebra quando entra em contacto com as bolas do recife, reduzindo assim a energia da onda à medida que a água se aproxima da costa, diminuindo o impacto erosivo. Além disso, a actividade de nidificação de tartarugas também foi reportada como activa em comparação com a condição anterior à instalação das bolas de recife, indicando que a utilização de bolas de recife bolas de quebra-mar em Selingan Island podem ser concluídas como eficazes (Chen et al., 2018). Apesar disso, o maior desafio que envolve este projecto é que o desempenho das bolas de recife na protecção da linha de costa é altamente dependente da energia das ondas que chegam. Assim, apenas quando a energia das ondas é baixa, as bolas de recife são capazes de funcionar em abrandar as ondas e permitir que a areia seja depositada nestas estruturas ou nas proximidades (Chen et al., 2018).

Fig. 10: Arranjo de bolas de recife na ilha de Selingan

O estado dos conhecimentos sobre os sucessos e fracassos das defesas costeiras na Malásia
Com base no que foi revisto, compreende-se verdadeiramente o que tem sido feito na implementação da defesa costeira na preparação para os desafios enfrentados pelas zonas costeiras. No entanto, há sempre riscos de impactos negativos se o processo de selecção e desenvolvimento estiver a ser ignorado pelas agências responsáveis. Em seguida, os processos de pré e pós-desenvolvimento são também significativos para assegurar o sucesso dos projectos para superar estes desafios. Por conseguinte, há que ter em conta que a selecção das estruturas de defesa costeira, quer de defesa dura quer de defesa suave, deve ser adequada para proteger a linha de costa. Geralmente, um bom estado e ambiente das zonas costeiras são essenciais para ter acesso à capacidade da opção de defesa costeira para actuar como é necessário (Chadwick, A., 2020). As causas e os efeitos dos desafios costeiros devem ser sempre tidos em conta ao tratar das obras que envolvem o movimento costeiro. Isto porque a implementação de estruturas costeiras pode afectar a morfologia costeira e resultar em erosão ou acreção das linhas costeiras. Por exemplo, em alguns casos, as vias de sedimentação podem provir de fontes offshore, enquanto noutros casos, estes processos podem já não estar activos. Assim, esta revisão enfatizou fortemente que a adequação da morfologia costeira como base deve ser considerada na escolha da opção e concepção da defesa costeira.

Além disso, uma defesa de engenharia suave, como a reposição de areia, seria melhor implementada como defesa natural contra a erosão costeira e as inundações. A abordagem é considerada amiga do ambiente devido à paisagem sem perturbações da zona da praia, em comparação com a defesa de engenharia dura. No entanto, esta abordagem necessita de manutenção constante anualmente através da adição de areia e telha, uma vez que os materiais de praia anteriormente depositados foram lavados pelas ondas. No entanto, quando a vida humana e os bens humanos podem estar em risco e precisam de ser protegidos, a utilização de elementos duros para uma defesa pode ser essencial e inevitável. É importante notar que as estruturas de engenharia dura como groynes, quebra-mar e gabião-marinho são benéficas para absorver a energia das ondas e proteger a linha de costa dos desafios costeiros. Vale a pena notar que as diferentes opções de estruturas de defesa costeira têm diferentes períodos de vida útil e custos de manutenção. Por conseguinte, é necessário realizar uma reflexão global antes de implementar estas protecções costeiras contra os desafios costeiros.

CONCLUSÃO

A erosão costeira pode ser considerada como um processo natural em que ocorre continuamente devido aos efeitos do vento, ondas, marés, bem como correntes. No entanto, devido à interferência de actividades humanas como a urbanização e o desenvolvimento pesado, bem como as alterações climáticas globais e a subida do nível do mar, a erosão costeira

a erosão torna-se grave e incontrolável para ser resolvida. Assim, as infra-estruturas costeiras estão a ser utilizadas para ultrapassar esta questão. Na Malásia, os diferentes tipos de defesa costeira têm diferentes papéis e aplicações de acordo com localizações geográficas específicas. Para a costa ocidental que compreende a costa lamacenta, o revestimento de rochas e o feixe costeiro. Entretanto, a defesa costeira, como os quebra-mares, os groynes e o revestimento de rochas são mais familiares para serem utilizados na costa arenosa das regiões da Costa Leste. Além disso, o revestimento de rochas, gabiões e groynes são utilizados principalmente em Sarawak, enquanto que as rochas blindadas, o revestimento de rochas, o bloco de Labuan e as paredes do mar são utilizados em Sabah.

Tanto as estruturas duras como as macias são susceptíveis a diferentes formas de aplicação, bem como a desafios como uma protecção costeira. Apesar da capacidade da parede do mar para proteger eficazmente a linha costeira, redireccionando a energia das ondas de volta para a água do oceano, sabe-se que são muito dispendiosas, requerem grande espaço e altamente dependentes do tamanho e forma da parede do mar. Para as anteparas que oferecem protecção para a zona montanhosa, os desafios envolvem a incapacidade de serem utilizadas em zonas de alta energia. Por outro lado, são aplicados groynes para reduzir os efeitos de erosão através da alteração dos padrões de corrente e ondas. No entanto, é necessária uma manutenção frequente e preferível para ser utilizada apenas em áreas com ondas médias. Entretanto, para os quebra-mares, é normalmente aplicada para a formação de portos artificiais, reduzindo a energia das ondas nas zonas de sotavento dos quebra-mares. No entanto, o processo de construção é bastante complexo e são normalmente necessárias estruturas adicionais para fornecer apoio aos quebra-mares. Quanto à defesa suave, a alimentação da praia é uma das opções temporárias para reduzir os efeitos da erosão sem danificar a paisagem da praia. A outra defesa suave, que são as dunas de areia, funciona prendendo e estabilizando a areia soprada e exibe baixos impactos negativos, mas só é aplicável na costa com menos desenvolvimento.

REFERÊNCIAS

Ab Razak, M.S., Suryadi, F.X., Jamaluddin, N., e Mohd Noor, N.A.Z. (2018). Shoreline Planform Stability of Embayed Beaches Along the Malaysian Peninsular Coast (Plano de Estabilidade das Praias Embarcadas ao longo da Costa Peninsular da Malásia). In: Shim, J.-S.; Chun, I., e Lim, H.S. (eds.), Proceedings from the International Coastal Symposium (ICS) 2018 (Busan, República da Coreia). Journal of Coastal Research, Edição Especial n° 85, pp. 631-635. Coconut Creek (Florida), ISSN 0749-0208. Recuperado de ficheiro:///C:/Users/user/AppData/Local/Temp/SI85- 127.1.pdf

Afshin Jahangirzadeh et.al (2012). Efeitos da Construção da Estrutura Costeira no Ecossistema. Academia Mundial de Ciência, Engenharia e Tecnologia. Universidade de Malaia (Kuala Lumpur). Obtido em http://eprints.um.edu.my/14068/1/v65-136.pdf

Airoldi, L., Abbiati, M., Beck, M. W., Hawkins, S. J., Jonsson, P. R., Martin, D., ... & Åberg, P. (2005). Uma perspectiva ecológica sobre a implantação e concepção de estruturas de defesa costeira de baixa crista e outras estruturas de defesa costeira dura. Coastal engineering, 52(10-11), 1073-1087.

Airoldi, L., & Bulleri, F. (2011). As perturbações antropogénicas podem determinar a magnitude das respostas de espécies oportunistas em infra-estruturas marinhas urbanas. PLoS One, 6(8).

Amri Mohd, F., Nizam Abdul Maulud, K., A. Karim, O., Ara Begum, R., Firoz Khan, M., Shafrina Wan Mohd Jaafar, W., ... Abd Wahab, N. (2018). An Assessment of Coastal Vulnerability of Pahang's Coast Due to Sea Level Rise (Uma Avaliação da Vulnerabilidade Costeira da Costa de Pahang devido à Elevação do Nível do Mar). *International Journal of Engineering & Technology, 7(*3.14), 176. https://doi.org/10.14419/ijet.v7i3.14.16880

Anandkumar, A., Vijith, H., Nagarajan, R., & Jonathan, M. P. (2018). Avaliação das alterações da linha de costa decadal na região costeira de Miri, Sarawak, Malásia. Em *Coastal Management: Desafios e Inovações Globais.* https://doi.org/10.1016/B978-0-12-810473-6.00008-X

Ariffin, E. H., Sedrati, M., Akhir, M. F., Norzilah, M. N. M., Yaacob, R., & Husain, M. L. (2019). Observações a curto prazo da Morfodinâmica da praia durante as monções sazonais: dois exemplos da costa de Kuala Terengganu (Malásia). *Journal of Coastal Conservation, 23*(6), 985-994. https://doi.org/10.1007/s11852-019-00703-0

Atlantic Network for Coastal Risks Management (n.d.). Visão geral das soluções de protecção costeira suave. Obtido em https://corimat.net/wpcontent/uploads/2017/03/2_Outil2_56P_ PT.pdf

Awang, N. A., Jusoh, W. H. W., & Hamid, M. R. A. (2014). Erosão Costeira em Tanjong Piai, Johor, Malásia. *Journal of Coastal Research, 71*, 122-130. https://doi.org/10.2112/si71-015.1

Bakrin Sofawi, A., Rozainah, M. Z., Normaniza, O., & Roslan, H. (2017). Reabilitação de mangues na Ilha de Carey, Malásia: uma avaliação das técnicas de replantação e das propriedades sedimentares. *Marine Biology Research, 13*(4), 390-401. https://doi.org/10.1080/17451000.2016.1267365

Buck, P. (2018). *The Design of Coastal Revetments, Seawalls, and Bulkheads.* Revista Pile Bulk Magazine. https://www.pilebuck.com/marine/the-design-of-coastal-revetments-seawalls-and-bulkheads/

Chapman, M. G., & Underwood, A. J. (2011). Avaliação da engenharia ecológica das linhas costeiras "blindadas" para melhorar o seu valor como habitat. Journal of experimental marine biology and ecology, 400(1-2), 302-313.

Chen, N.-G., Saleh, E., Yap, T. K., & Isnain, I. (2018). Efeito de estruturas artificiais no perfil costeiro da ilha de Selingan, Sandakan, Sabah, Malásia. *Borneo Journal of Marine Science and Aquaculture, 2*(Dezembro), 9-15.

Departamento de Irrigação e Drenagem da Malásia (2015). *Estudo Nacional da Erosão Costeira (NCES) 2015. Kawasan-pantai-hakisan-kategori-1.* Retrieved de http://www.data.gov.my/data/ms_MY/dataset/kawasan-pantai-hakisan-kategori-1/resource/ed806db7-d2a2-4173-9989-a015907e8245?inner_span%3DTru

Evans, A. J. (2016). Estruturas artificiais de defesa costeira como habitats substitutos das costas rochosas naturais: dar uma mãozinha à natureza (Dissertação de Doutoramento, Universidade de Aberystwyth).

Firth, L. B., Mieszkowska, N., Thompson, R. C., & Hawkins, S. J. (2013). Alterações climáticas e impactos adaptacionais nos sistemas costeiros: o caso das defesas marítimas. Ciência Ambiental: Processos e Impactos, 15(9), 1665-1670.

Firth, L. B., Thompson, R. C., Bohn, K., Abbiati, M., Airoldi, L., Bouma, T. J., Hawkins, S. J. (2014). Entre uma rocha e um lugar duro: Considerações ambientais e de engenharia na concepção de estruturas de defesa costeira. *CoastalEngineering*, *87*, 122-135. https://doi.org/10.1016/j.coastaleng.2013.10.015

Foti, E., Musumeci, R. E., & Stagnitti, M. (2020). Técnicas de defesa costeira e alterações climáticas: uma revisão. *Rendiconti Lincei*, *31*(1), 123-138. https://doi.org/10.1007/s12210-020-00877-y

Hamakareem, M., I. (2012). Tipos de Estruturas de Protecção Costeira e seus Detalhes. Obtido em https://theconstructor.org/structures/coastal-protection-structures/14020/

Hanak, E., & Moreno, G. (2012). Gestão costeira da Califórnia com um clima em mudança. Mudança Climática, 111(1), 45-73.

Hawkins, S. J., Burcharth, H. F., Zanuttigh, B., & Lamberti, A. (2010). Directrizes de concepção ambiental para estruturas costeiras de baixa crista. Elsevier.

Izzat, I., I., Im, N., Razak, A., Shahrizal, M., & Safari, M. D. (2018). *Uma Breve Revisão dos Quebra-mares Submersos*. https://doi.org/10.1051/matecconf/201820301005

Lee, S. C., Hashim, R., Motamedi, S., & Song, K.-I. (2014). *Utilização de Tubo Geotêxtil para a Gestão Costeira de Areia e Lama: A Review*. https://doi.org/10.1155/2014/494020

Loke, L. H., Heery, E. C., & Todd, P. A. (2019). Defesas costeiras. In *World Seas: An Environmental Evaluation* (pp. 491-504). Imprensa Académica.

Mangor, K., Dronen, N., Kaergaard, K. e Kristensen, S., 2017. *Orientações para a Gestão da Linha Costeira*. [ebook] Horsholm: DHI. Disponível em : <https://www.dhigroup.com/upload/campaigns/ShorelineManagementGuidelines_Feb2017.pdf> [Acesso em 15 de Junho de 2020].

Masria, A., Iskander, M., & Negm, A. (2015). Medidas de protecção costeira, estudo de caso (zona mediterrânica, Egipto). *Journal of coastal conservation*, *19*(3), 281-294.

MatAmin, Abd., Ahmad, M., M., Mamat, M., Rivaie, M. & Abdullah, Khiruddin. (2012). Variação de Sedimentos ao longo da Costa Leste da Malásia Peninsular. Questões Ecológicas. 16. 10.2478/v10090-012-0010-6. Recuperado de https://www.researchgate.net/publication/274654555_Sediment_Variation_along_the_East_Co ast_of_Peninsular_Malaysia

(Malásia). Journal of Tropical Biology and Conservation, 14: 83-94. ISSN 1823-3902. Obtido a partir de https://www.ums.edu.my/ibtpv2/files/06.pdf

Milad Bagheri. et.al (2019). Análise da alteração da linha costeira e previsão da erosão utilizando dados históricos de Kuala Terengganu, Malásia. Environmental Earth Sciences (2019) 78:477, doi.org/10.1007/s12665-019-8459-x. Recuperado de https://www.researchgate.net/publication/334747518_Shoreline_change_analysis_and_erosion _pre diction_using_historical_data_of_Kuala_Terengganu_Malaysia

Ministério dos Recursos Naturais e do Ambiente. (2009). *Actividades de Gestão Costeira*. Obtido em http://www.water.gov.my/activities-mainmenu-184v, 4 de Novembro de 2014.

Paeniu, L., Iese, V., Jacot Des Combes, H., & De Ramon, N. (2015). Yeurt A, Korovulavula I, Koroi A, Sharma P, Hobgood N, Chung K, Devi A. *Coastal Protection: Melhores Práticas do Pacífico. Pacific Centre for Environment and Sustainable Development (Centro do Pacífico para o Ambiente e Desenvolvimento Sustentável). (PaCE-SD). A Universidade do Pacífico Sul, Suva,*

107

Fiji.

Pranzini, E. (2018). Protecção costeira em Itália: De engenharia dura a suave e de costas. *Ocean and Coastal Management, 156*, 43-57. https://doi.org/10.1016/j.ocecoaman.2017.04.018

Rahman, M. A. A., & Asmawi, M. Z. (2016). A sensibilização dos residentes locais para a questão da degradação dos mangais em Kuala Selangor, Malásia. *Procedia-Social and Behavioral Sciences, 222*, 659-667.

Revetment. (2017). DepartmentofIrrigaçãoe Drenagem. https://www.water.gov.my/index.php/pages/view/536

Sadeghi, K., & Dania, A. L. (2019). Uma introdução à "construção de estruturas onshore".

Sadeghi, K., Abdeh, A., & Al-Dubai, S. (2017). Uma visão geral da construção e instalação de quebra-mares verticais. *International Journal of Innovative Technology and Exploring Engineering, 7*(3), 1-5.

Schmitt, K., & Duke, N. C. (2015). Gestão, avaliação e monitorização de mangueiras. *Manual florestal tropical*, 1-29.

Shin, E. C., Kim, S. H., Hakam, A., & Istijono, B. (2019). Problemas de erosão da linha de costa e contra-medição por vários geomateriais. *MATEC Web of Conferences, 265*, 01010. https://doi.org/10.1051/matecconf/201926501010

Strain, E. M., Olabarria, C., Mayer-Pinto, M., Cumbo, V., Morris, R. L., Bugnot, A. B., & Bishop, M. J. (2018). Infra-estruturas urbanas de eco-engenharia para a biodiversidade marinha e costeira: que intervenções têm o maior benefício ecológico? *Journal of Applied Ecology, 55*(1), 426-441.

Strain, E. M. A., Cumbo, V. R., Morris, R. L., Steinberg, P. D., & Bishop, M. J. (2020). Efeitos interactivos da estrutura do habitat e da sementeira com ostras na biodiversidade intertidal das paredes do mar. *PloS one, 15*(7), e0230807.

Syakir, M., Zulfakar, Z., Akhir, M. F., Helmy, E., Awang, N. O. R. A., Azam, M., Muslim, A. M. (2020). O efeito das protecções costeiras na evolução da linha de costa em Kuala Nerus, Terengganu (Malásia). *Journal of Sustainability Science and Management, 15*(3), 1-15

Williams, A. T., Rangel-Buitrago, N., Pranzini, E., & Anfuso, G. (2018). A gestão da erosão costeira. In *Ocean and Coastal Management* (Vol. 156, pp. 4-20). Elsevier Ltd. https://doi.org/10.1016/j.ocecoaman.2017.03.022

Yanalagaran, R., Ramli, N. I., & Ramadhansyah, P. J. (2019, Fevereiro). Overview of Monsoon Induced Coastal Erosion Disaster in Peninsular Malaysia Based on Mass-Media Reports. Na série de conferências do PIO: Earth and Environmental Science (Vol. 244, No. 1, p. 012035). Publicação do PIO.